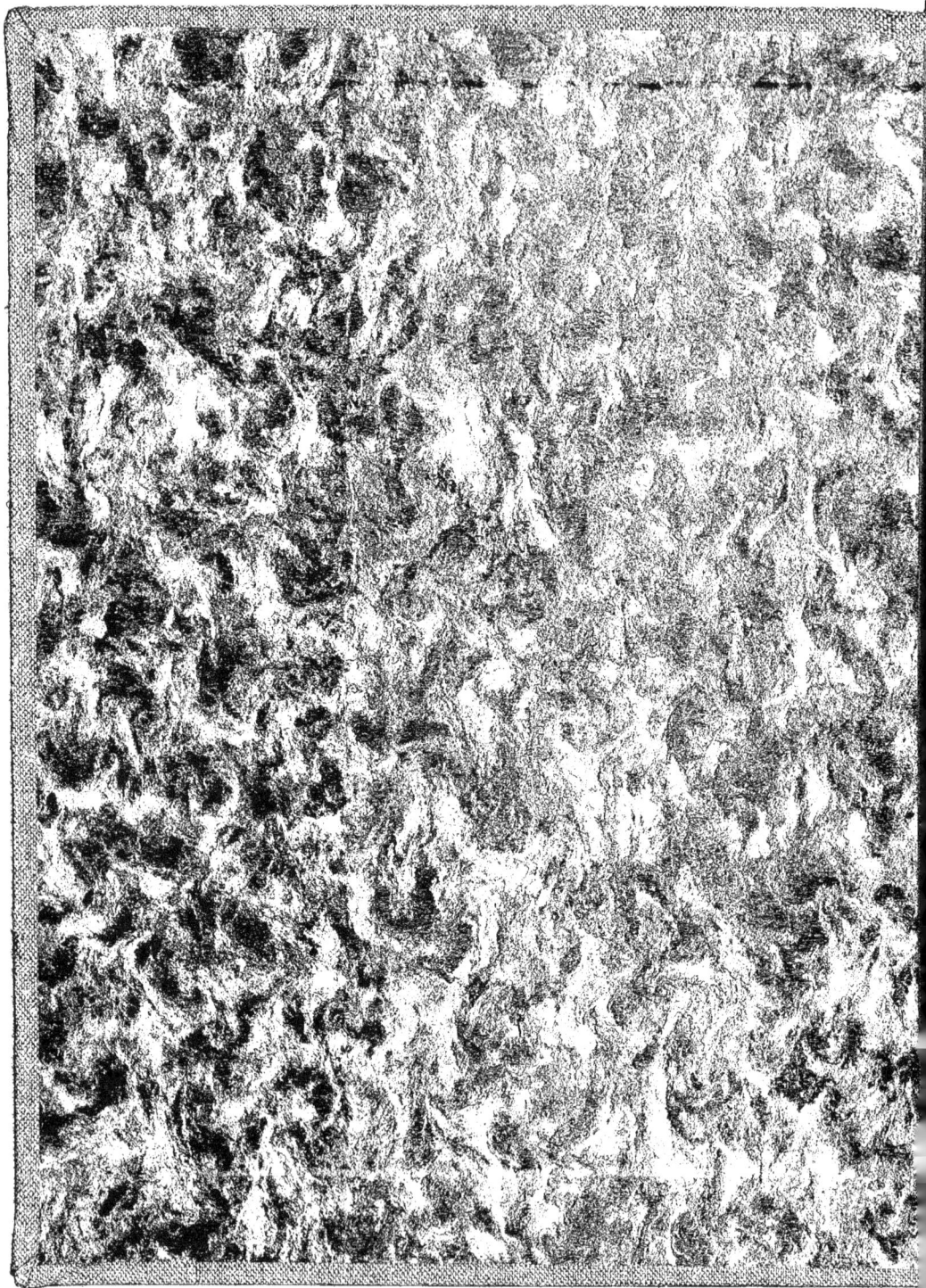

DES FONTAINES 1991

DICTIONNAIRE GÉNÉRAL

... ANCIENS & MODERNES ...

ABYSS...

DICTIONNAIRE GÉNÉRAL

DES

TISSUS ANCIENS & MODERNES

Par M. BEZON.

ATLAS

Dessiné et gravé par A. LORRAIN.

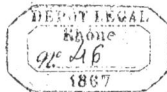

PARIS

LIBRAIRIE SCIENTIFIQUE, INDUSTRIELLE ET AGRICOLE

Eugène LACROIX, Éditeur

Libraire de la Société des Ingénieurs Civils

QUAI MALAQUAIS, 15

1867.

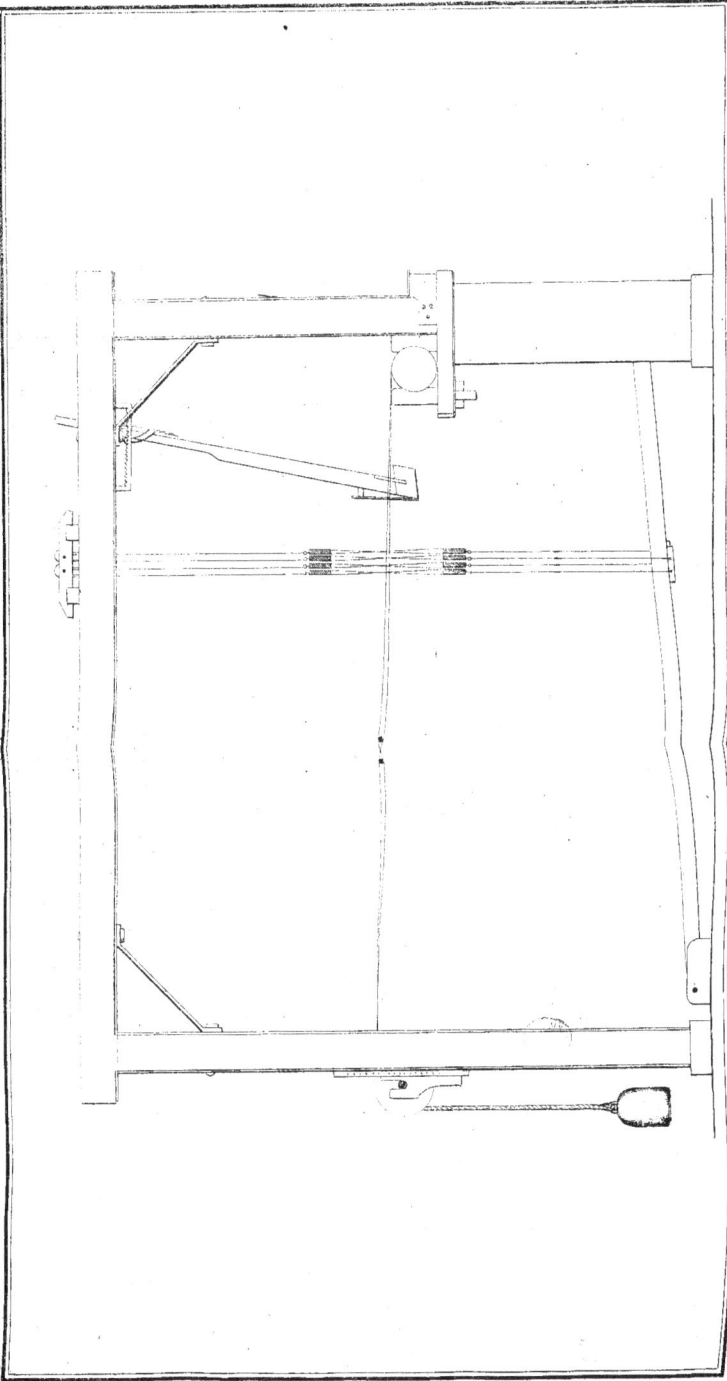

BEZON

Dictionnaire général des tissus

Lyon Imp. Jacquet.

Aerraux del. et sculp.

BEZON.

BATTANT AU FOUET (Appelé Carribari dans le Nord de la France.)

Navette.

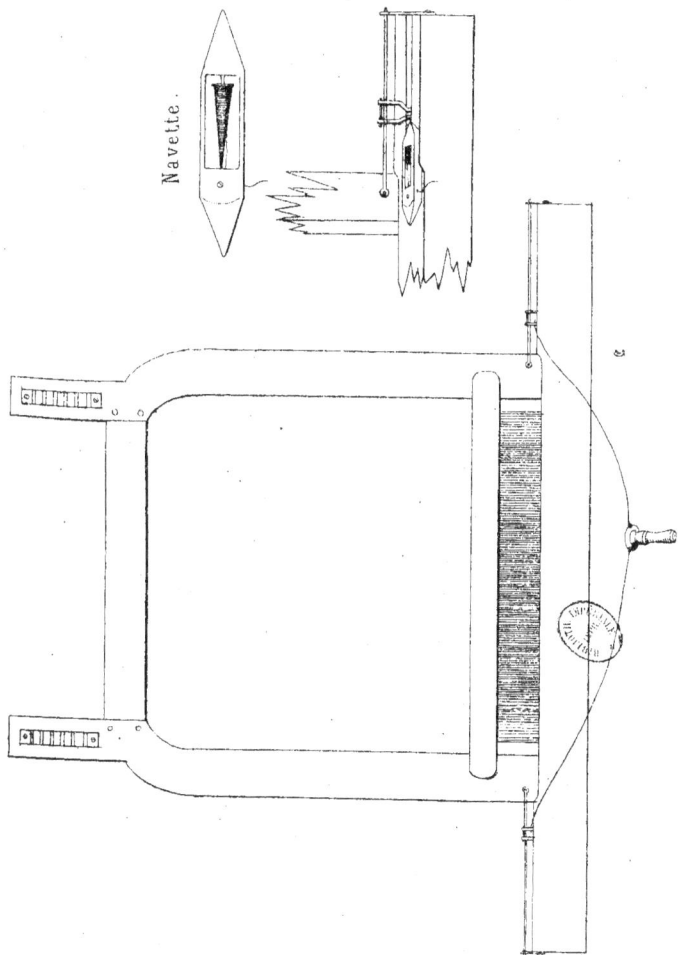

Lyon, Imp. Jacquel.

Hotrain del. et sculp.

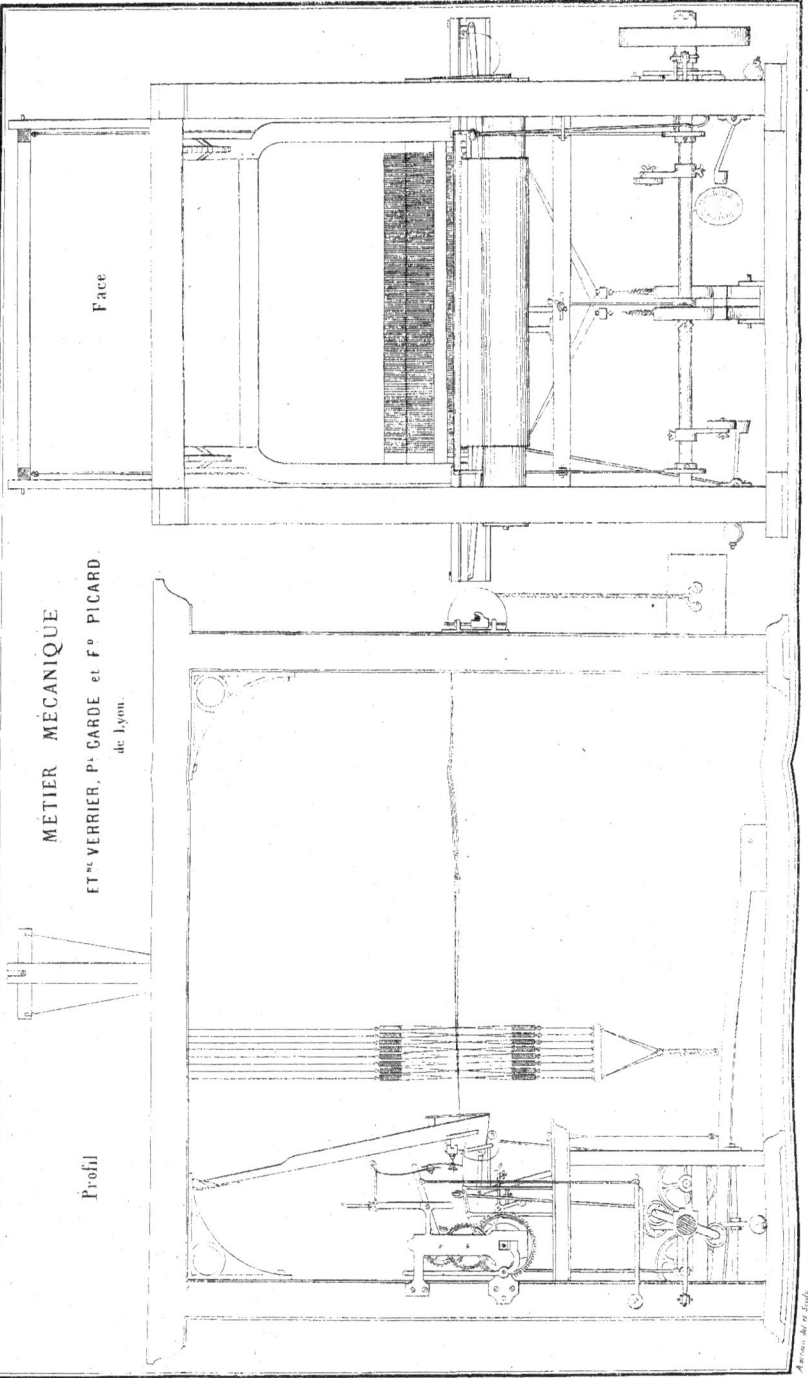

BEZON

MÉTIER MÉCANIQUE

ETᵐᵉ VERRIER, Pⁱ GARDE et Fⁱˢ PICARD.
de Lyon.

Face

Profil

BATTANT MARCHEUR.

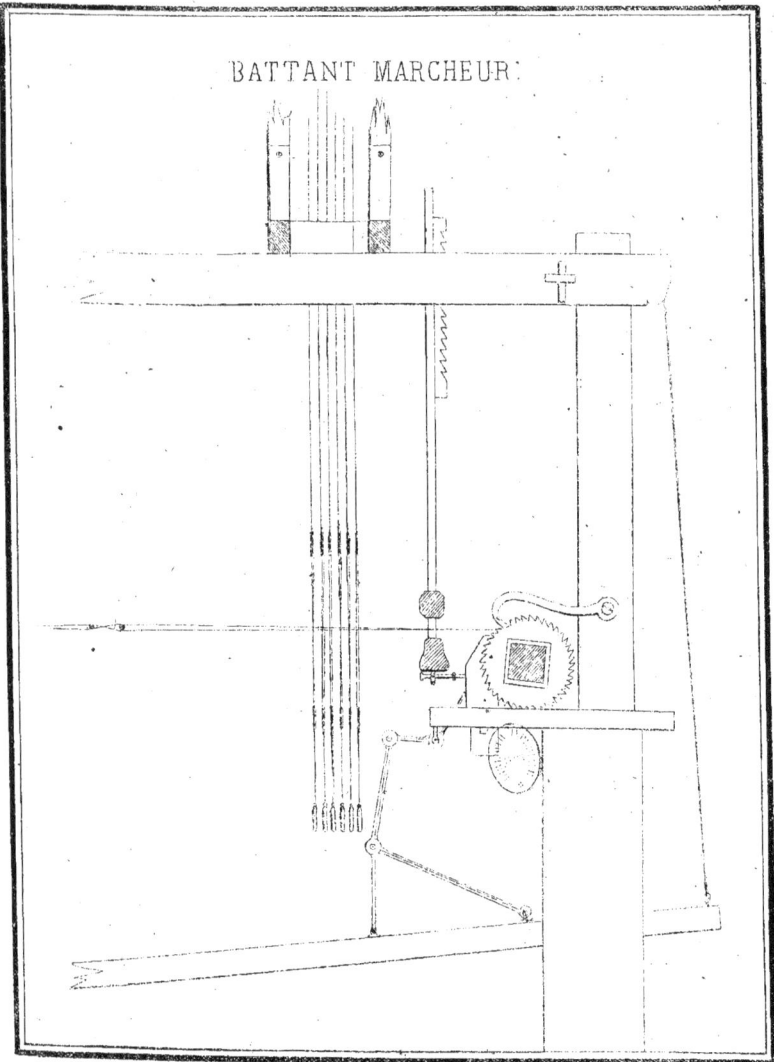

Lorrain del et sculp   Lyon, Imp Jacquet et Vettard.

MÉTIER - MARCHEUR.

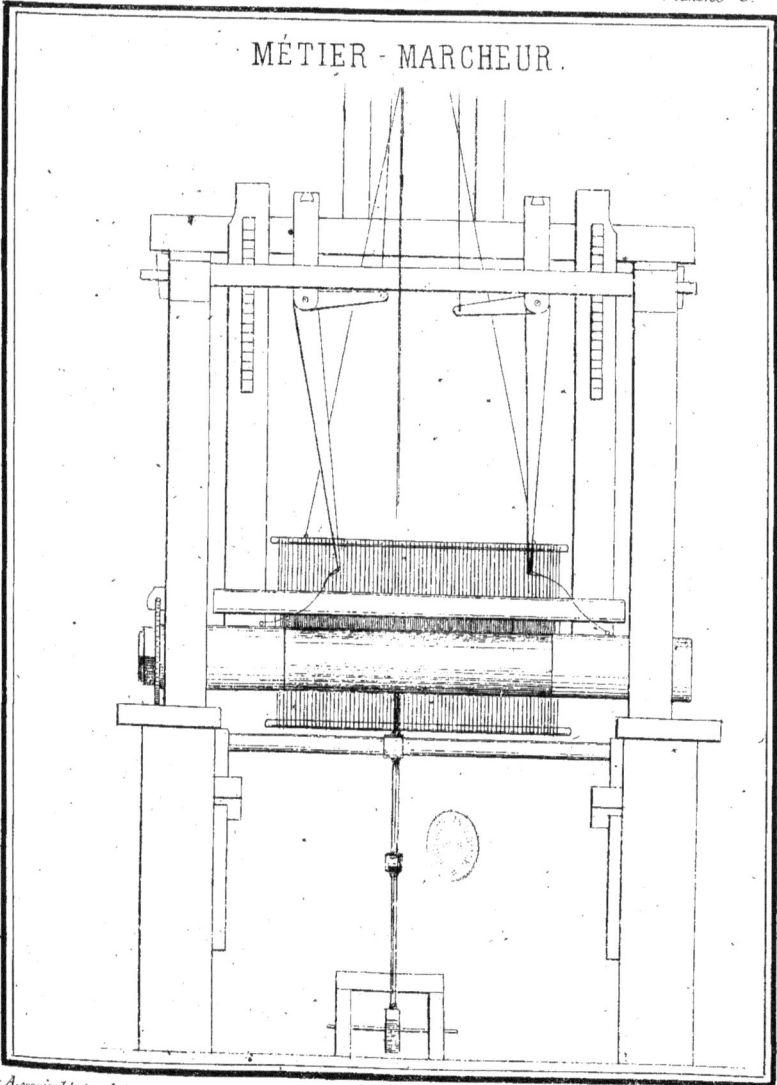

A. orrain del et sculp. Lyon. Imp. Jacquet et Veblard.

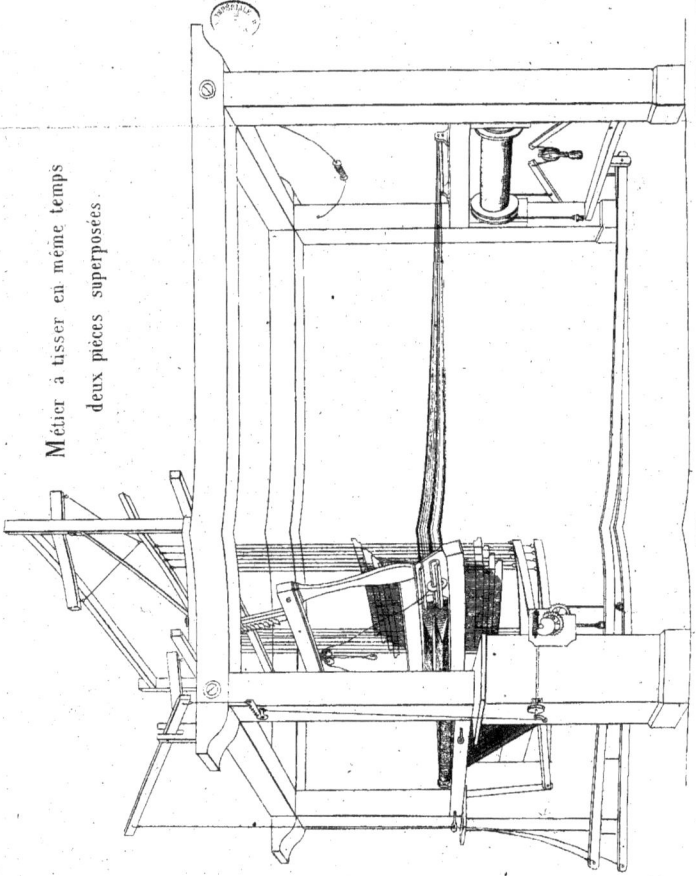

BEZON.

Métier à tisser en même temps
deux pièces superposées.

ARMURES

N.B. Les remettages qui ne sont pas indiqués sont suivis.

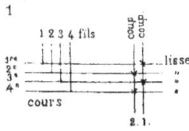

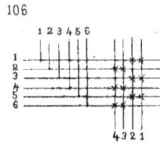

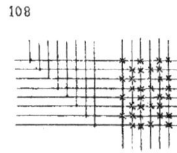

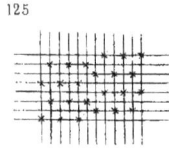

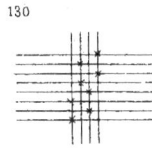

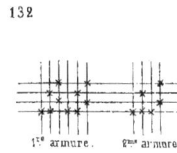

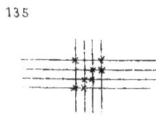

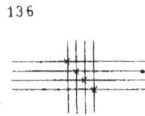

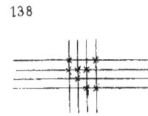

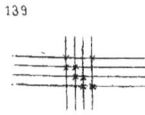

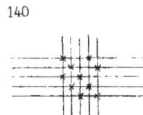

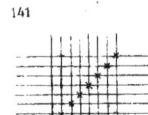

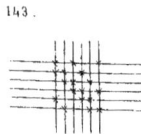

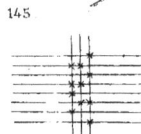

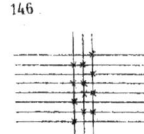

147   148   149

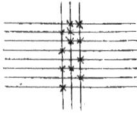 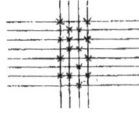 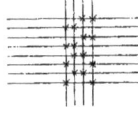

150   151   152   1

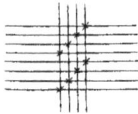 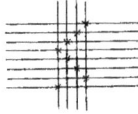 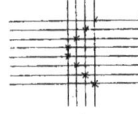

153   2   154   3   155

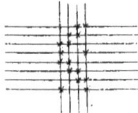 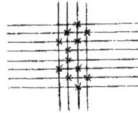 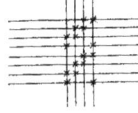

156   157   158

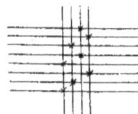 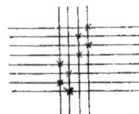 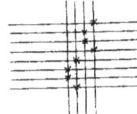

159   160   161

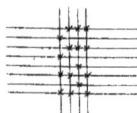 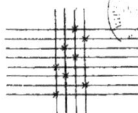 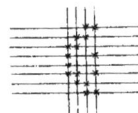

Lorrain del et sculp.   Lyon, Imp. Jacquet.

162
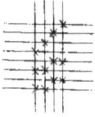

163
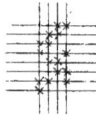

164
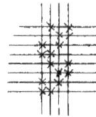

165
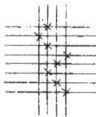

166
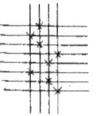

167
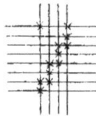

168
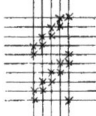

169
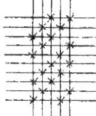

170
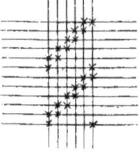

171   1
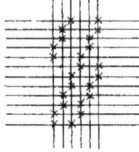

172   2
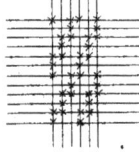

173   3
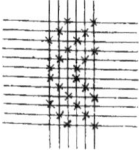

174   4
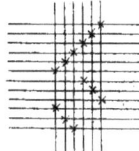

175   5
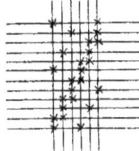

Lyon Imp. Jacquet.

176
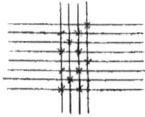

177   1
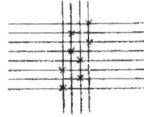

178   2
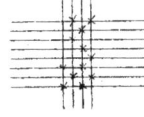

179   3
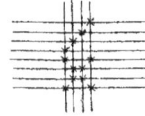

180   4
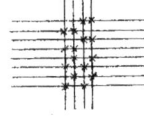

181   5
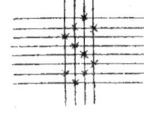

182   6
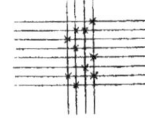

183   7
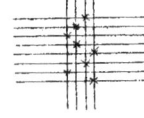

184   8
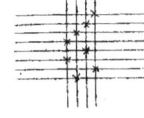

185   9
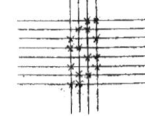

186   10
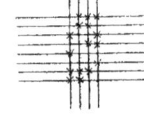

187   11
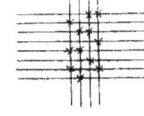

188   12
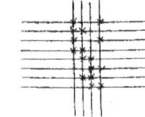

189   13
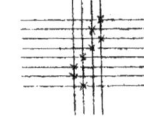

190   14
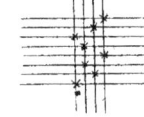

BEZON.

191

192 1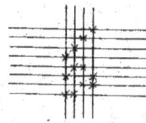

193 2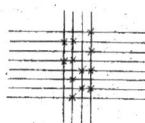

194 3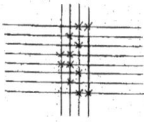

195 4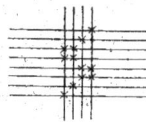

196 5

197 6

198 7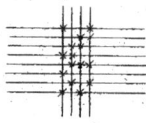

199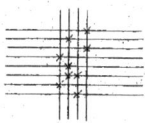

200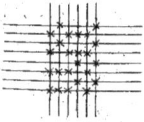

201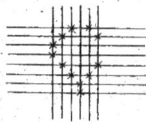

202 1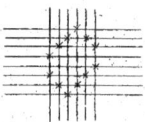

203 2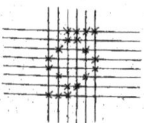

204 3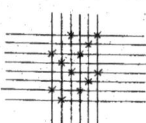

4

A. Lorrain del et sculp.

Lyon, imp. Jacquet

206   5
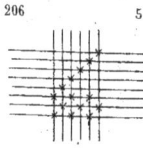

207   6
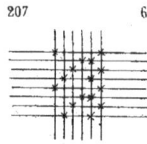

208   7
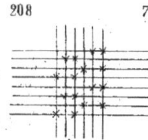

209   8
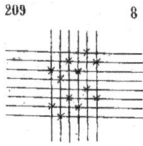

210   9
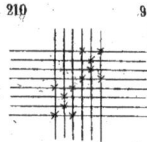

211   10
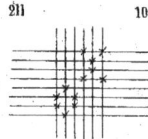

212   11
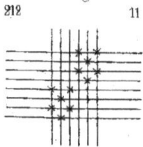

213   12
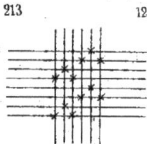

214   13
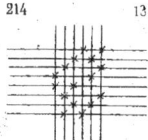

215   14
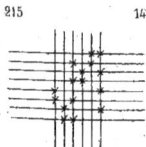

216   15
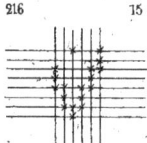

217
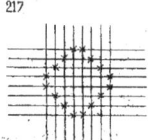

218
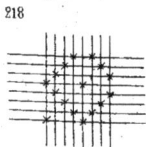

219   1
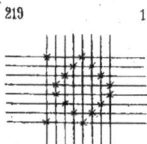

220   2
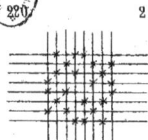

A.Lorrain del. et sculp.   *Lyon, Imp. Jacquet.*

221
222
223

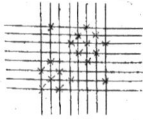
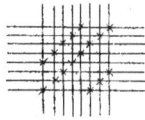
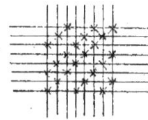

224   1
225   2
226   3

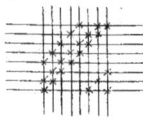
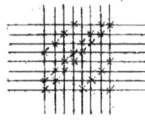
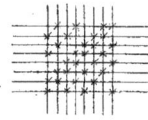

227   4
228   5
229   6

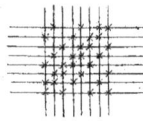
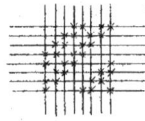
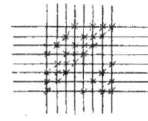

230   7
231   8
232   9

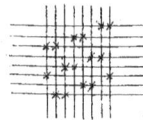
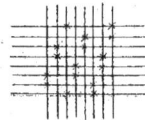
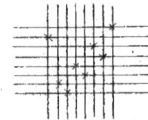

233   10
234   11
235   12

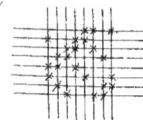
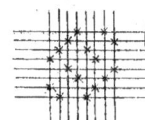
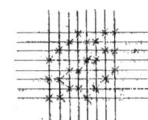

BEZON.

236   13   237   238

239   1   240   2   241   3

242   4   243   244   1

245   2   246   247

248   1   249   2   250   3

Alorrain del. et sculp.   Lyon, Imp. Jacquet.

251   4
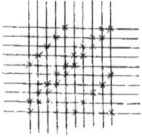

252   5
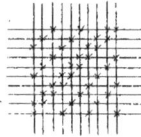

253   6
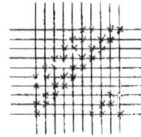

254   7
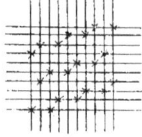

255
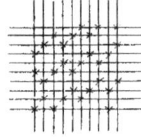

256   1
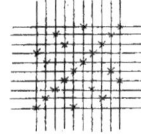

257   2
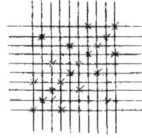

258   3
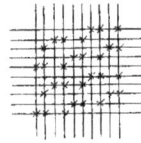

259
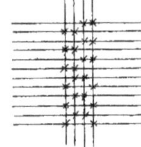

260   1
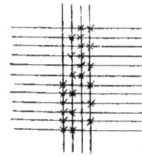

261   2
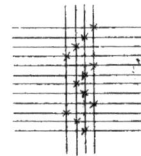

262   3
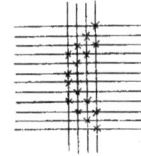

A.arrain del et sculp   *Jacquet Imp. Lith.*

263 4   264 5   265 6

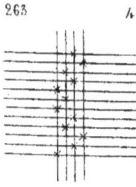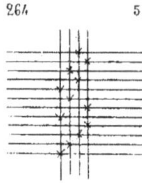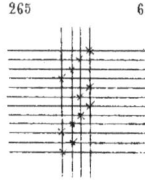

266 7   267 8   268 9

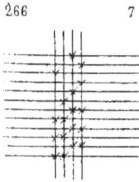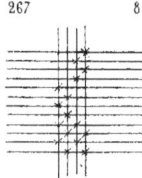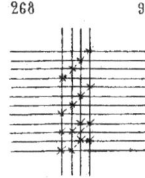

269 10   270 11   271

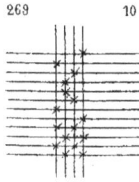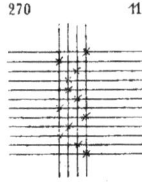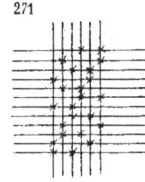

272 1   273 2   274 3

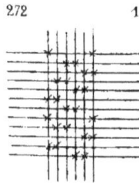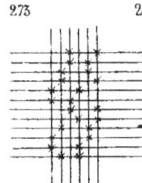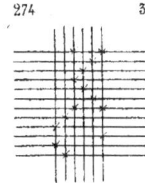

A.orrain del et sculp.   *Jacquet Imp. Lith.*

275   4   276   5   277   6

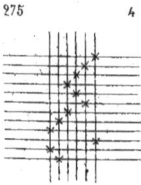   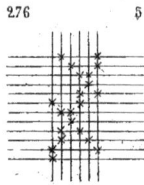   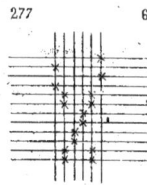

278   7   279   8   280   9

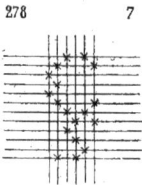   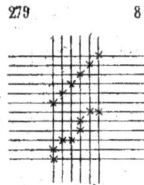   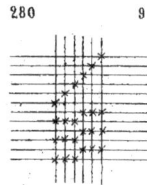

281   10   282   11   283   12

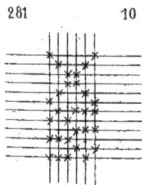   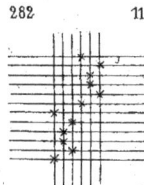   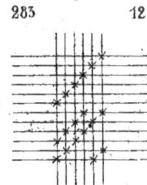

284   13   285   14   286   15

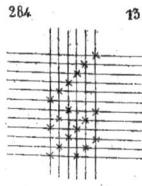   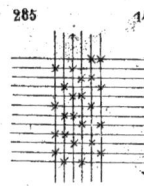   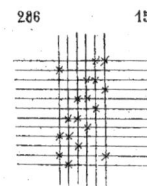

A.orrain del et sculp.   *Jacquet Imp. Lith.*

287   16
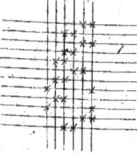

288   17
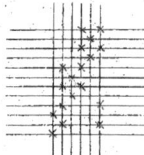

289   18
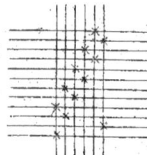

290   19
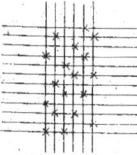

291   20
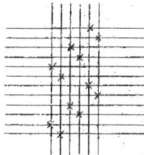

292   21
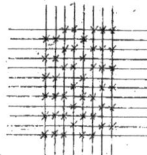

293   22
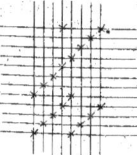

294   23
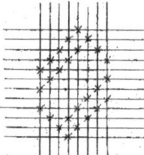

295   24
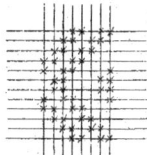

296   25
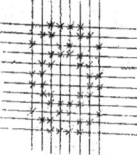

297   26
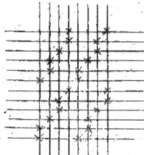

298   1
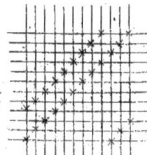

A.orrain del et sculp.   *Jacquet Imp. Lith.*

299.   2   300   3   301   4

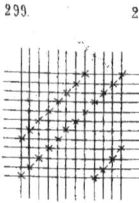 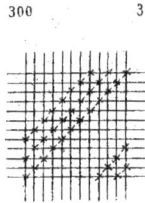 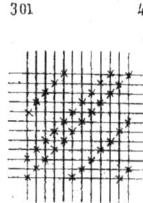

302   5   303   6   304   7

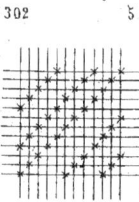 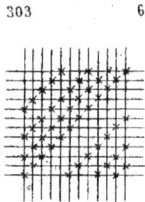 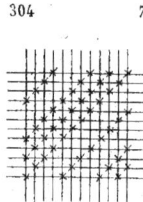

305   8   306   9   307   10

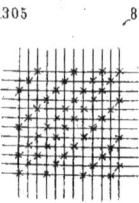 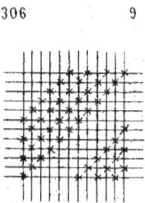 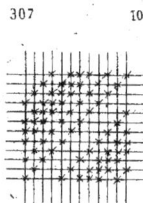

308   11   309   12   310   13

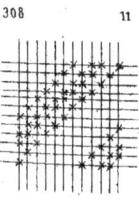 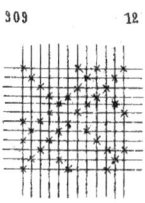 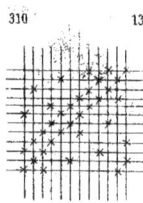

A.Lorrain del et sculp.

Lyon.Imp. Jacquet.

311   14   312   15   313   16

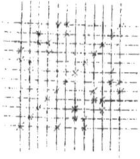 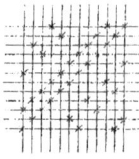 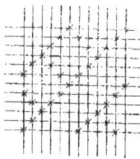

314   17   315   18   316   19

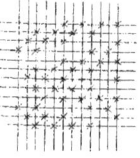 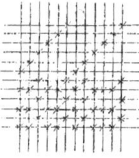 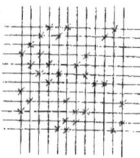

317   20   318   21   319   22

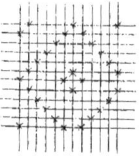 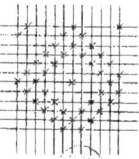 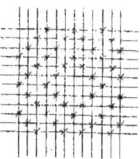

320   23   322

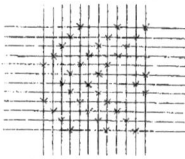 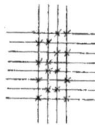

Lorrain del et sculp.   *Lyon, Imp. Jacquet.*

321

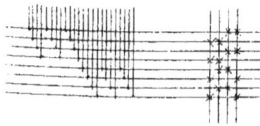

321 bis

323

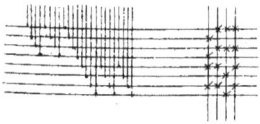

323 bis

324

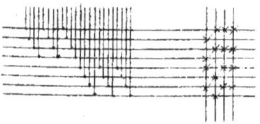

324 bis.

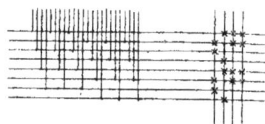

325

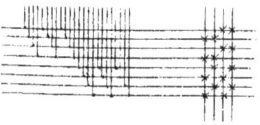

325 bis.

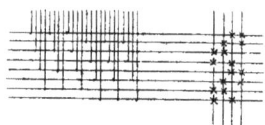

326

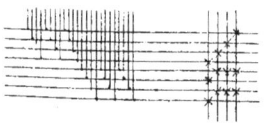

326 bis.

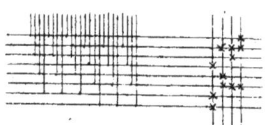

A. orrain del et sculp.   *Lyon. Imp. Jacquet.*

327

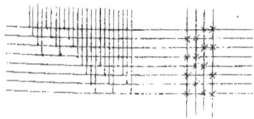

327 bis

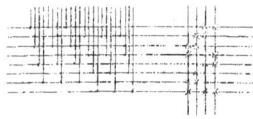

328

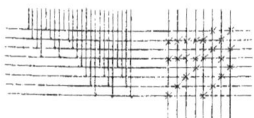

328 bis

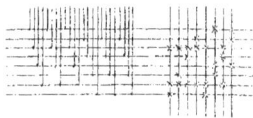

329

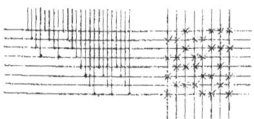

329 bis

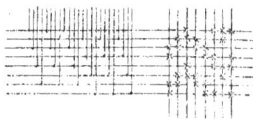

330

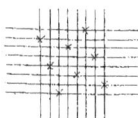

331

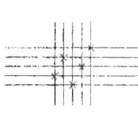

336

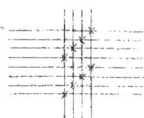

337

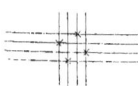

339

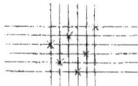

339 bis.

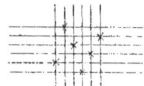

Lorrain del et sculp   Loos imp Sanfust

342

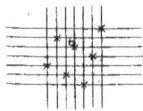

351

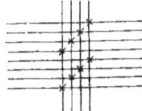

379

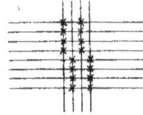

343

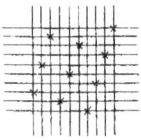

343 bis.

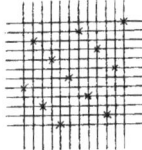

343 ter.

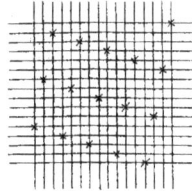

340

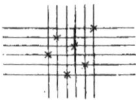

350

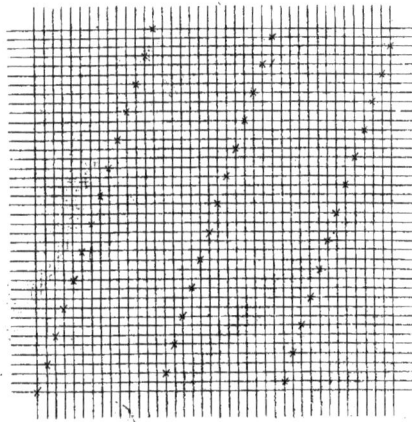

340 bis.

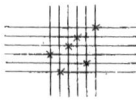

341

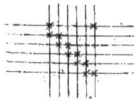

A.orrain del et sculp Lyon, Imp. Jacquet.

382

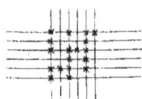

383

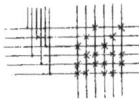

390

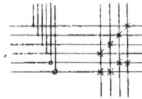

381

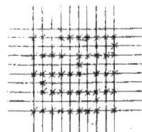

386

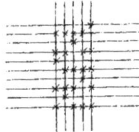

387

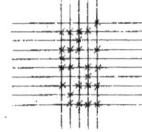

389

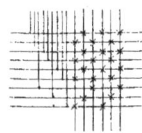

393

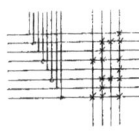

397

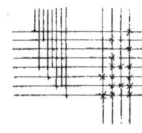

416

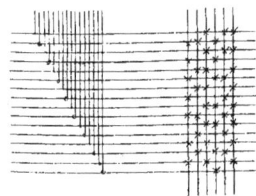

388

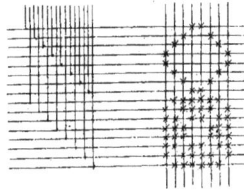

402

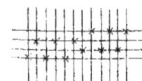

414

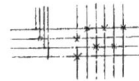

415

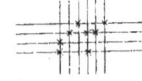

A.orrain del et sculp   *Lyon Imp. Jacquet*

398

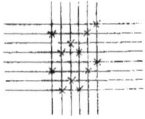

399

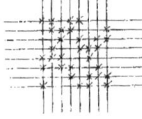

400

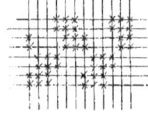

403

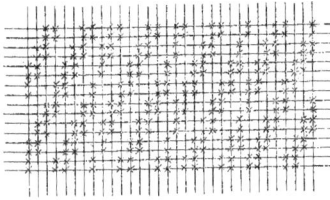

407

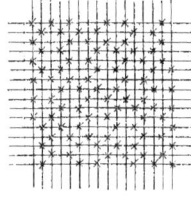

419

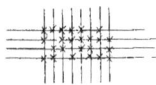

404

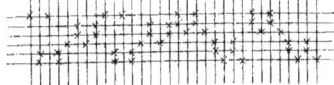

401

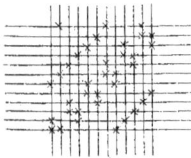

406

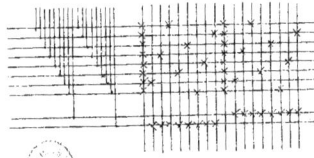

A.Lorrain del et sculp.   Lyon.Imp.Jacquet.

405

413

408

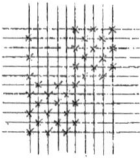
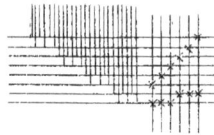
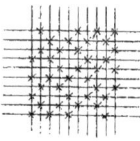

410

412

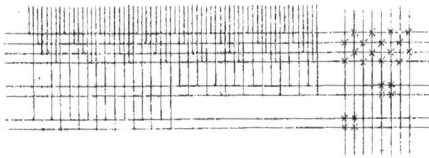
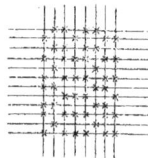

418

420

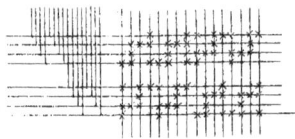
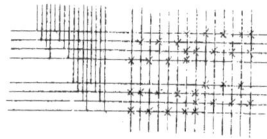

416

417

421

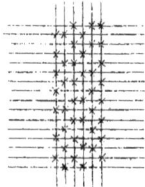
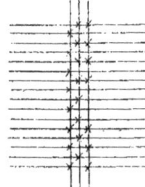
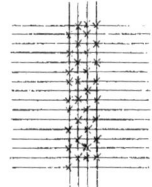

A.orrain del et sculp   *Lyon, Imp. Jacquet*

409

439

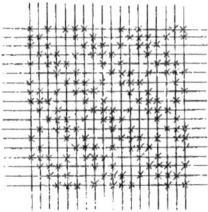

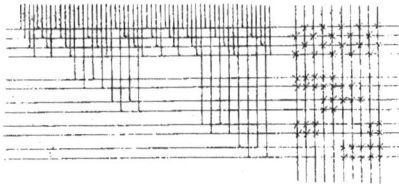

423

444

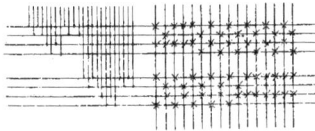

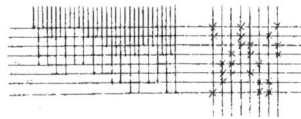

427

452

467

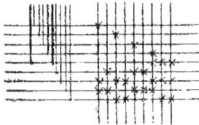

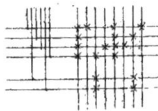

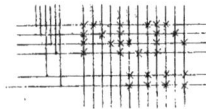

457

459

468

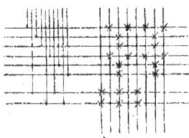

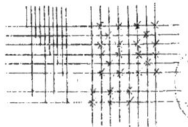

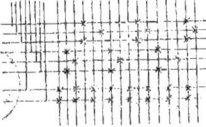

465

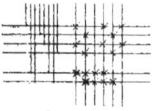

466

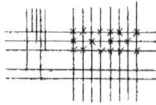

471

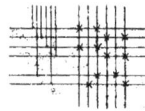

458

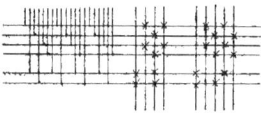

472

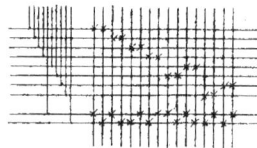

529

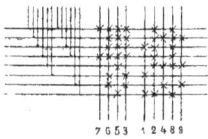

7 6 5 3   1 2 4 8 8

529

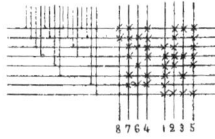

8 7 6 4   1 2 3 5

1   530

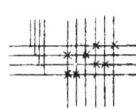

528

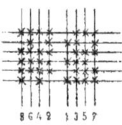

8 6 4 2   1 3 5 7

528   1

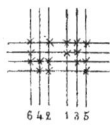

6 4 2   1 3 5

528   2

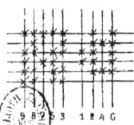

9 8 7 5 3   1 2 4 6

528   3

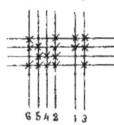

6 5 4 2   1 3

A.orrain del et sculp.

Lyon. Imp. Jacquet.

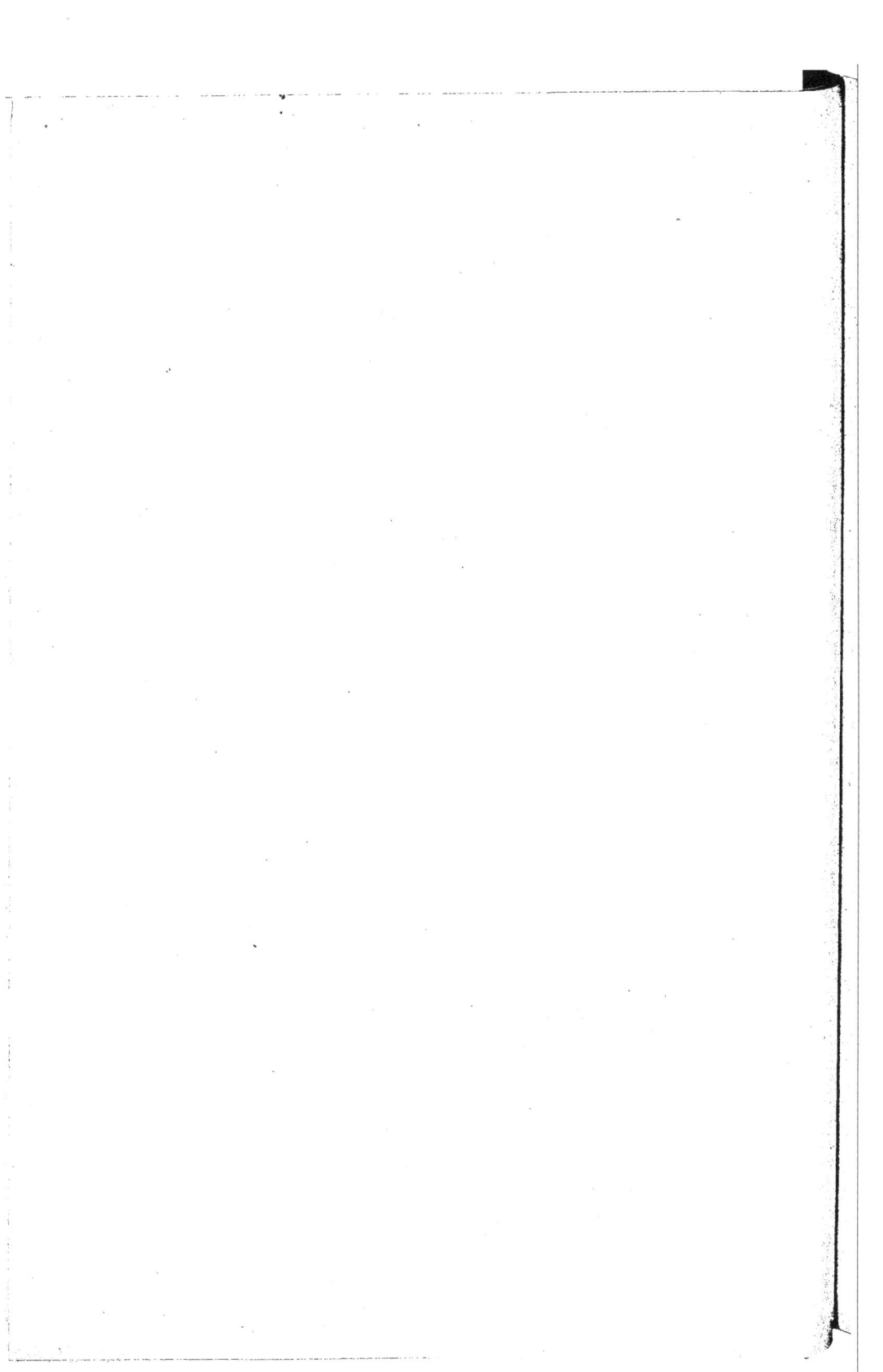

BEZON

MÉCANIQUE JACQUARD.

Devant

Derrière.

Profil du côté de la lanterne.

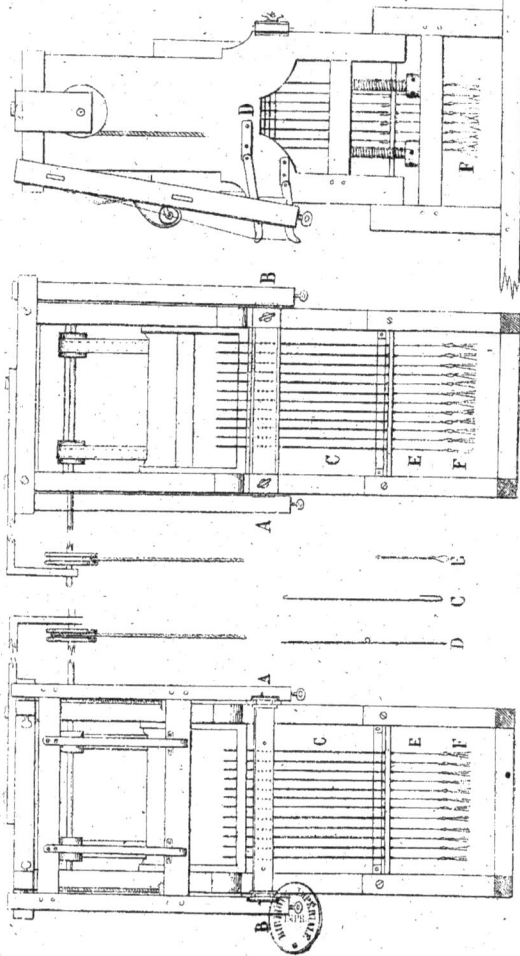

A. Coté de la lanterne.   C. Crochet.   E. Collet.
B. Coté de l'opposé.   D. Aiguille.   F. Arcades.

Lyon, Imp. Jacquet et Villard.

Averrain del. et sculp.

LISAGE.
(le Semple)

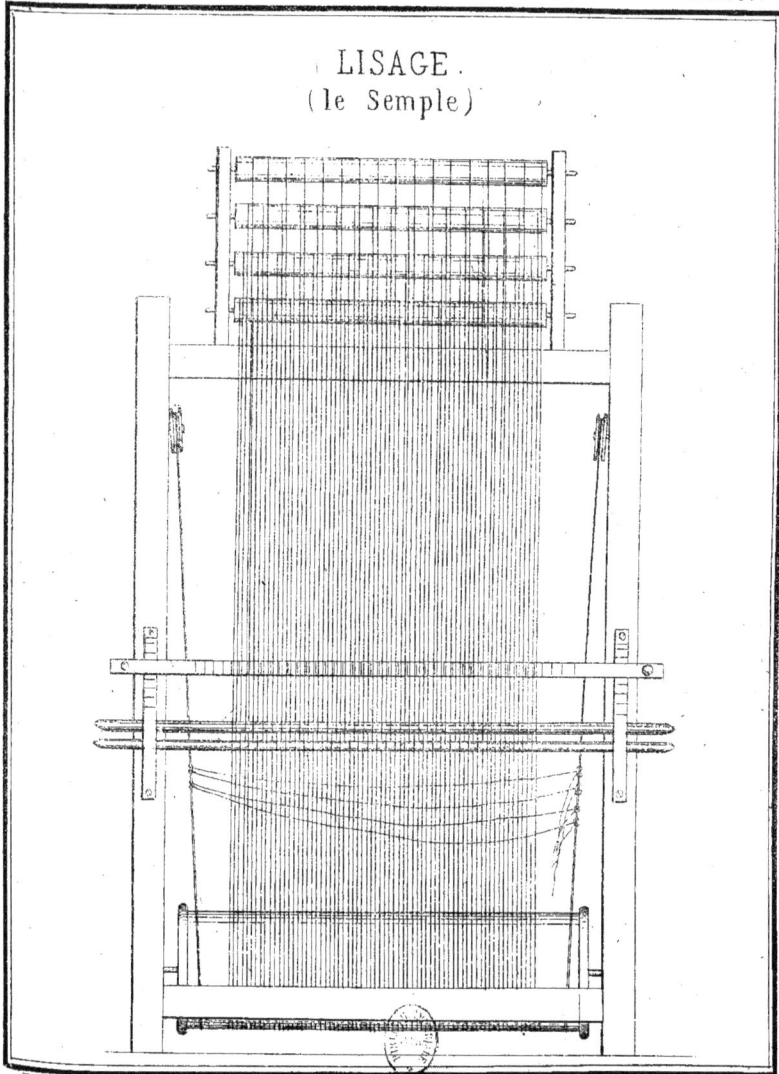

A. Lorrain del et sculp.   Lyon, Imp. Jacquet et Vellard.

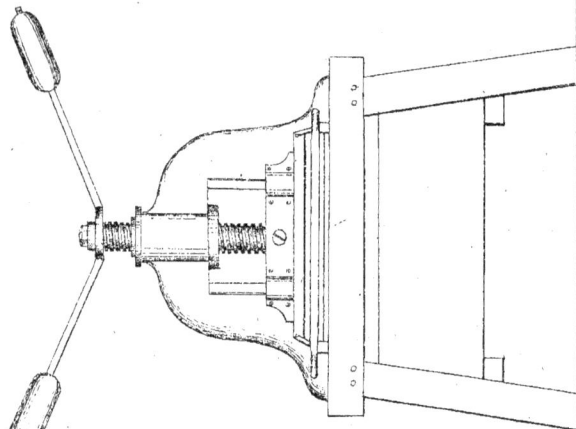

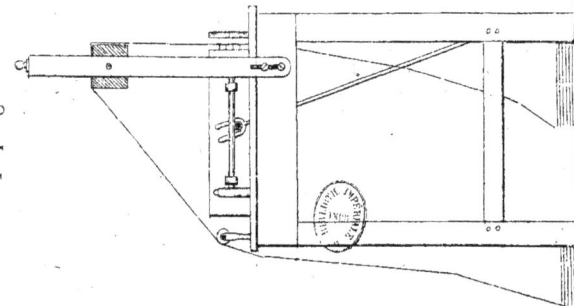

BEZON.

Dictionnaire général des tissus.

LISAGE.

Presse.

Repiquage.

Lyon, Imp. Jacquet et Vollard.

Leroux del et sculp.

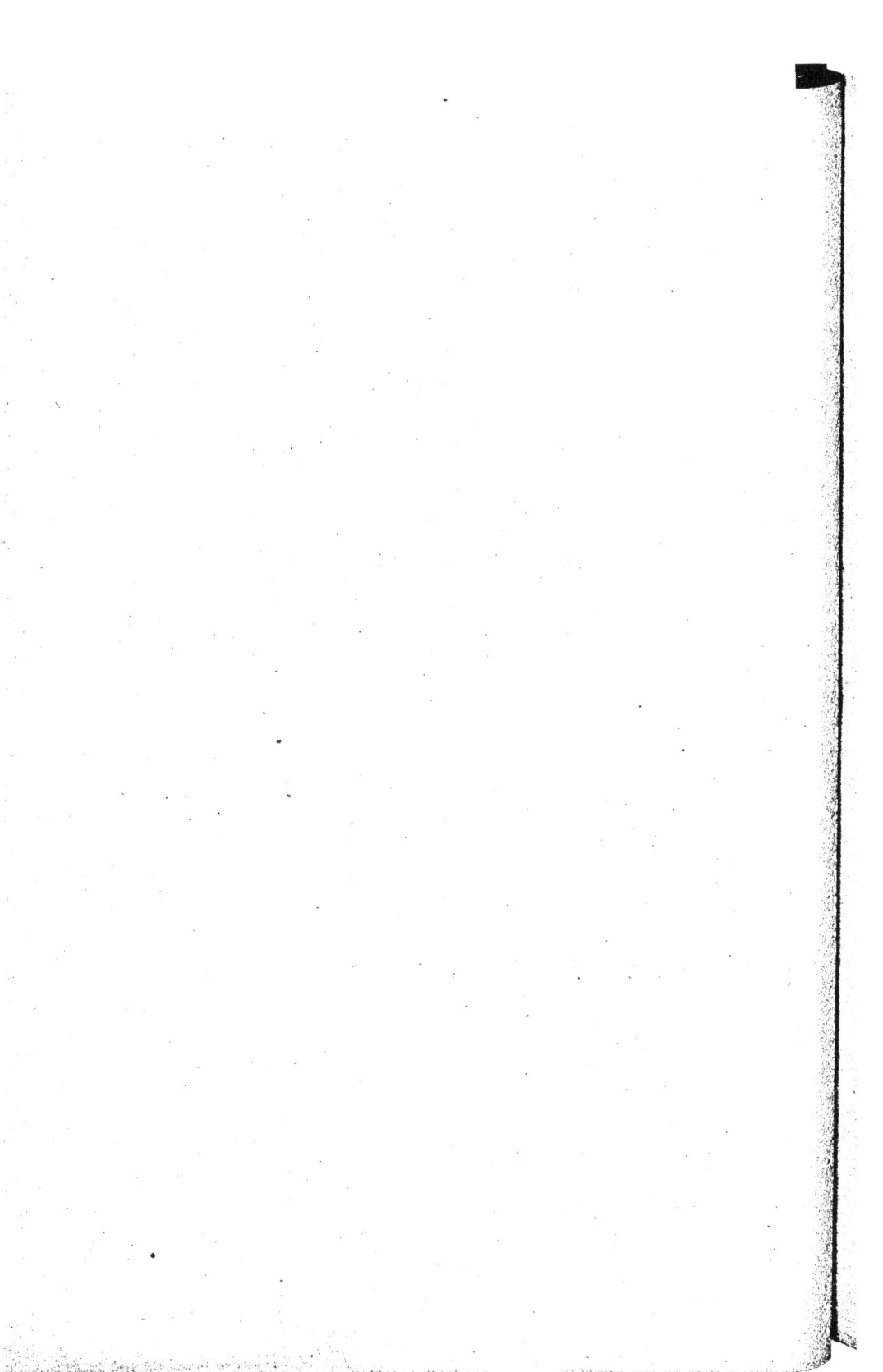

LISAGE (des cartons.)

Lanterne.

Opposé.

Le carton
à la main.

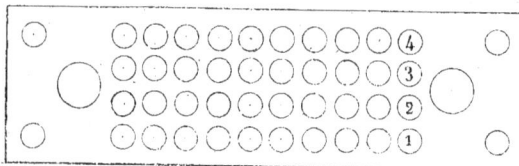

Le carton
sur la
mécanique.

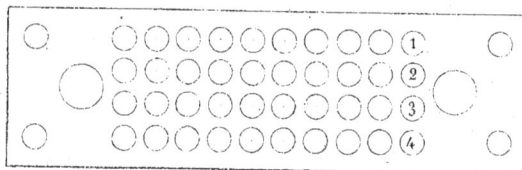

Plaque
du lisage
ou de la
mécanique.

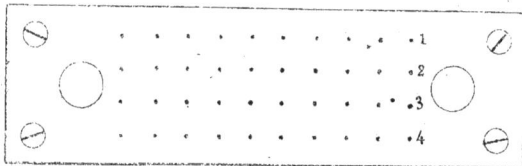

1er rang de la
mécanique du côté
de la lanterne.

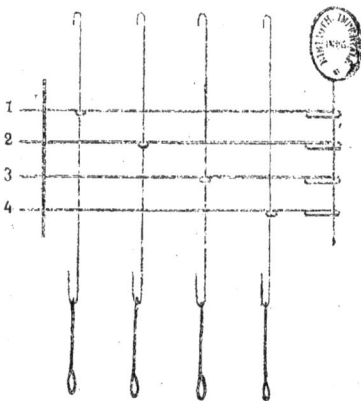

EMPOUTAGE

suivi.

4 Chemins

sur 1 Corps

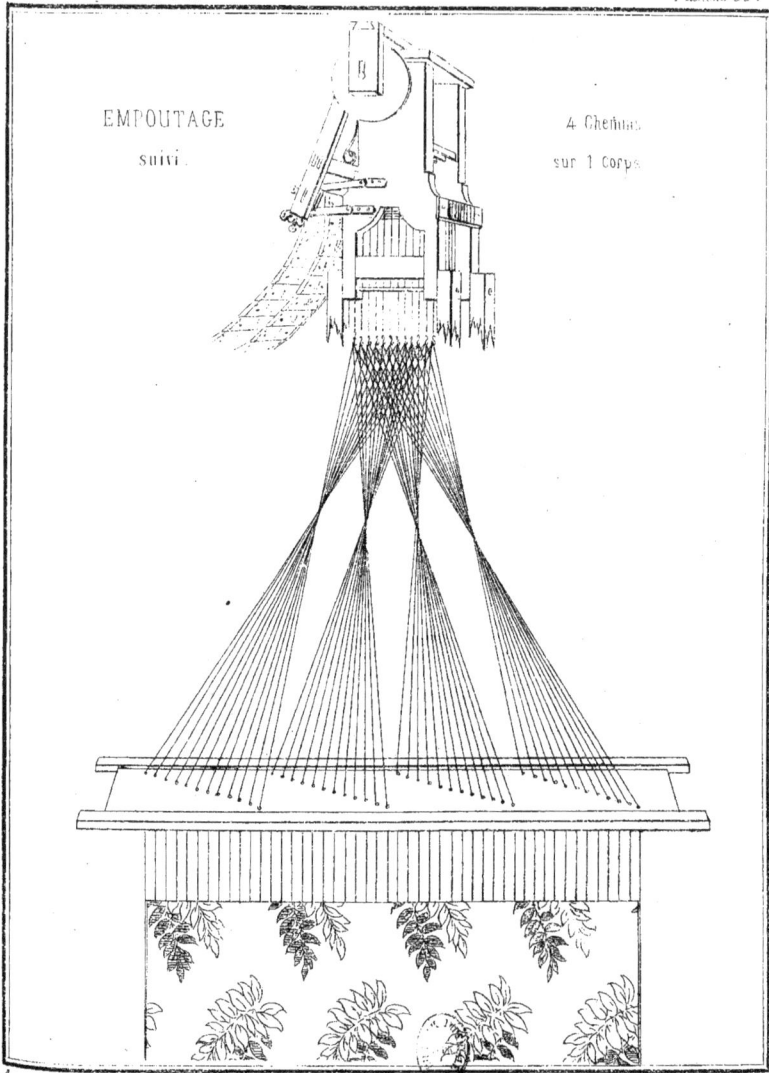

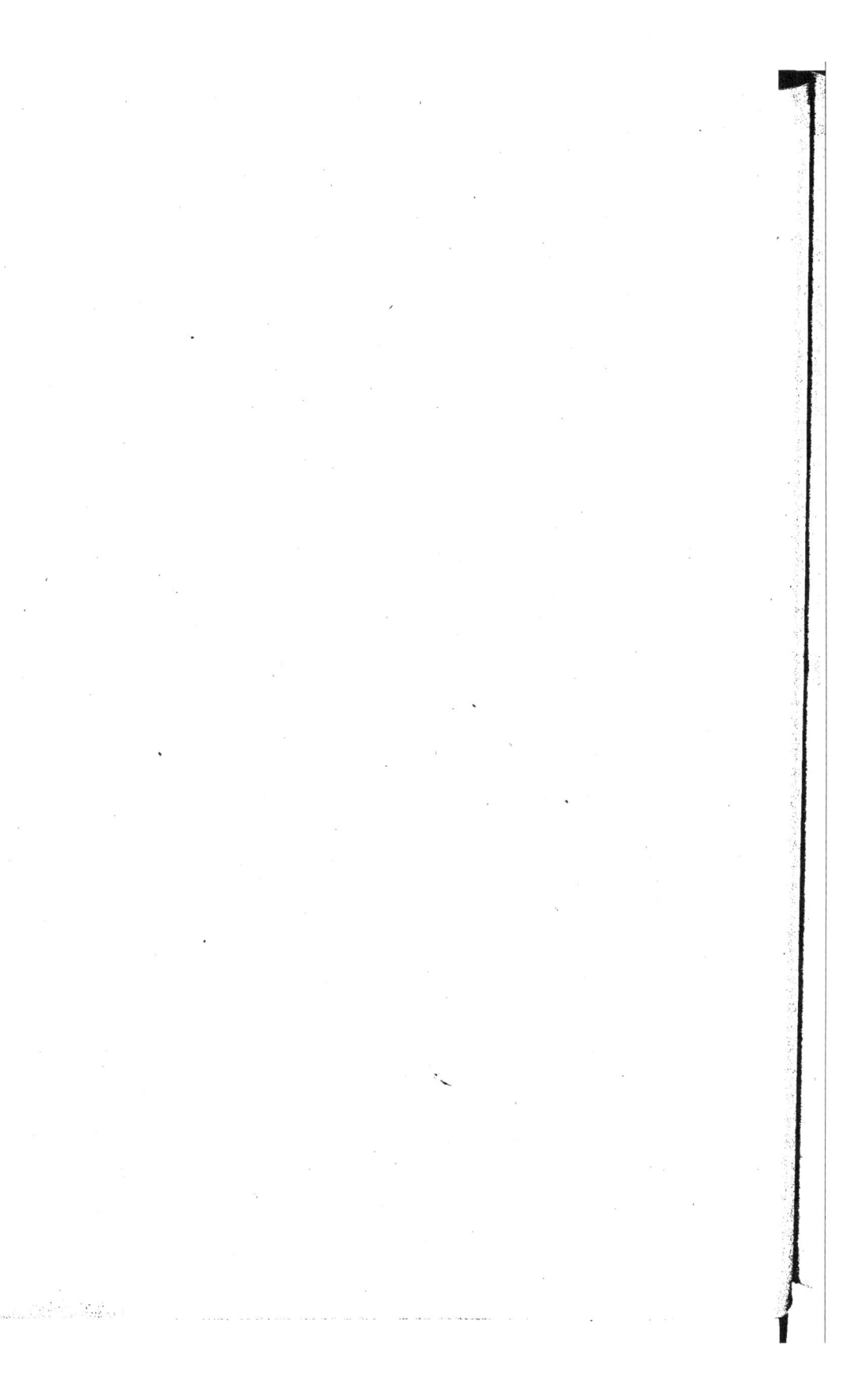

EMPOUTAGE

suivi.

4 Chemins

sur 2 Corps

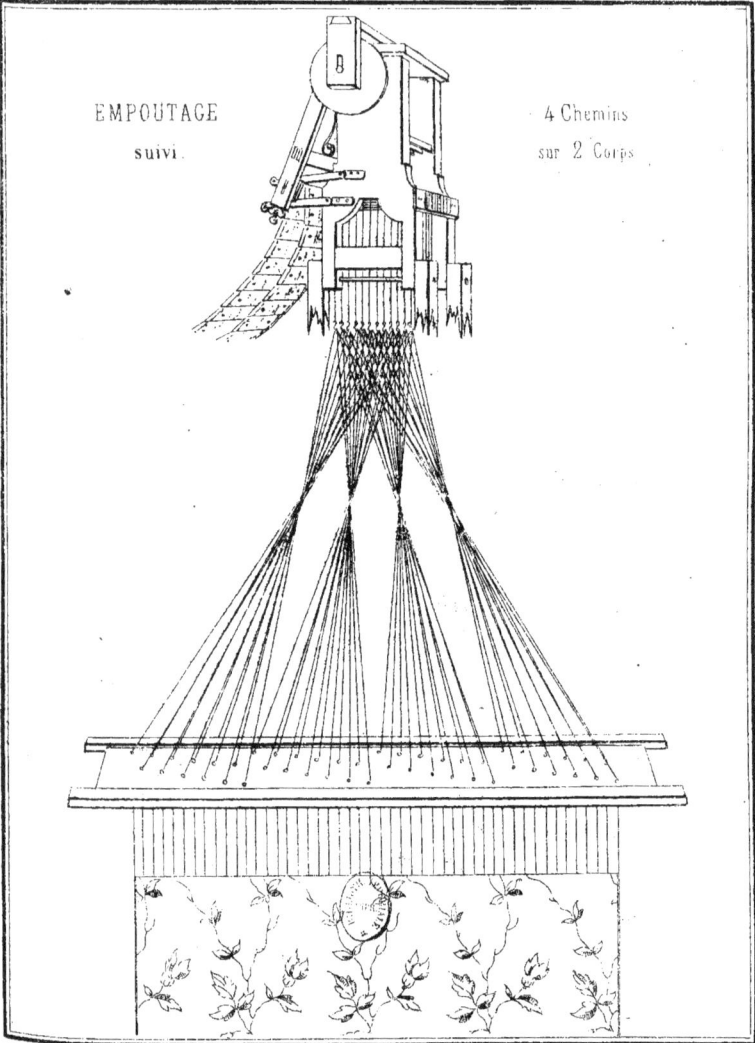

EMPOUTAGE

suivi.

4 Chemins

sur 4 Corps.

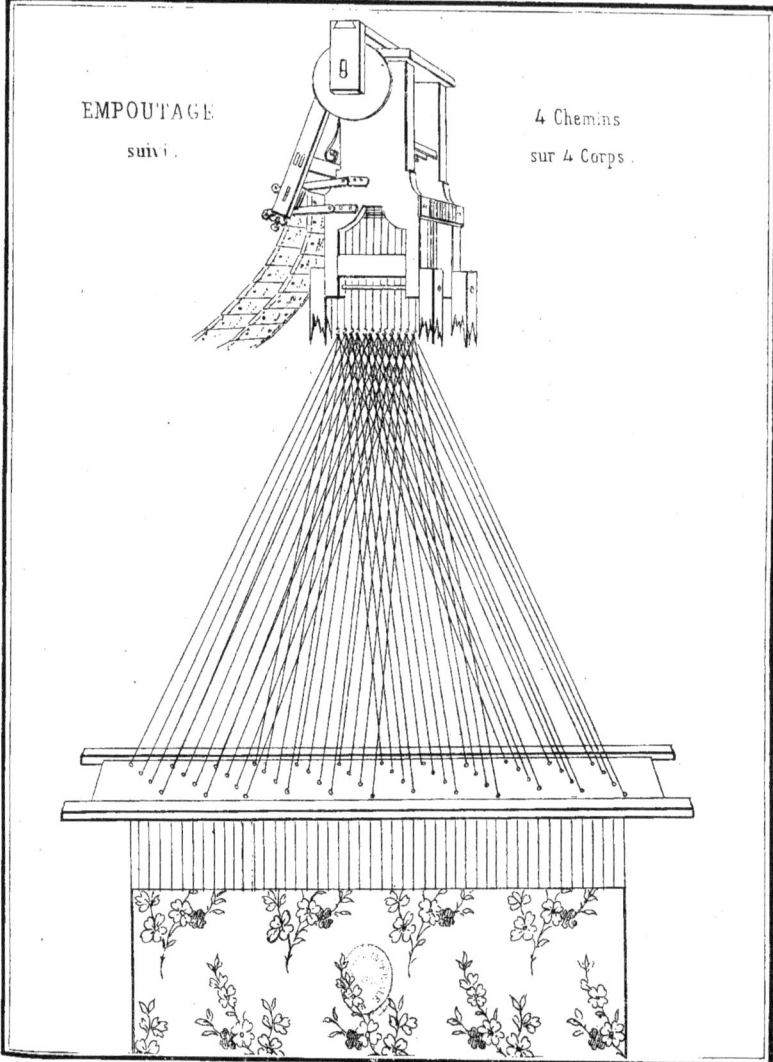

Lyon Imp Jacquet

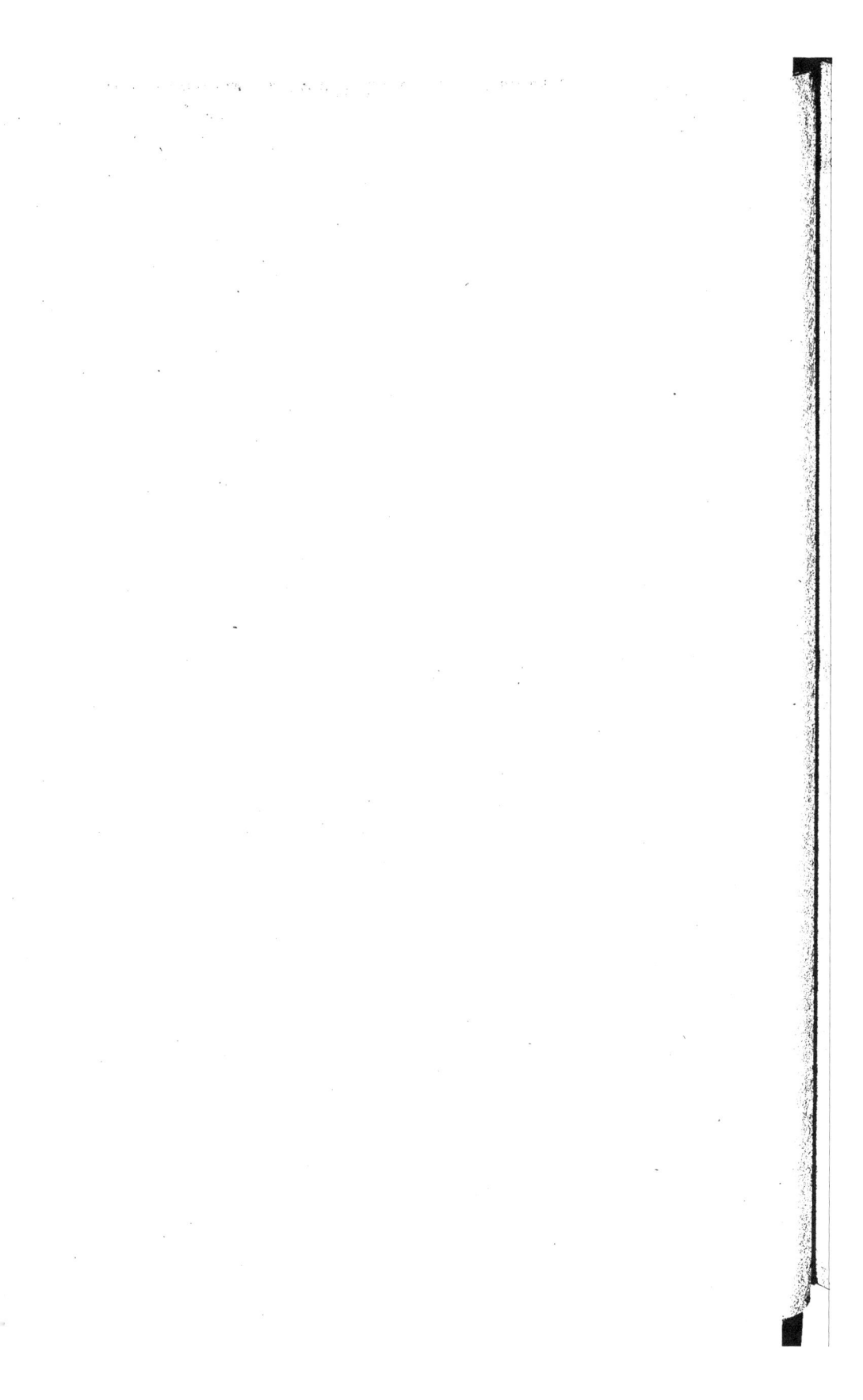

EMPOUTAGE
suivi .

4 chemins
colleté en 2 corps,
empouté suivi.

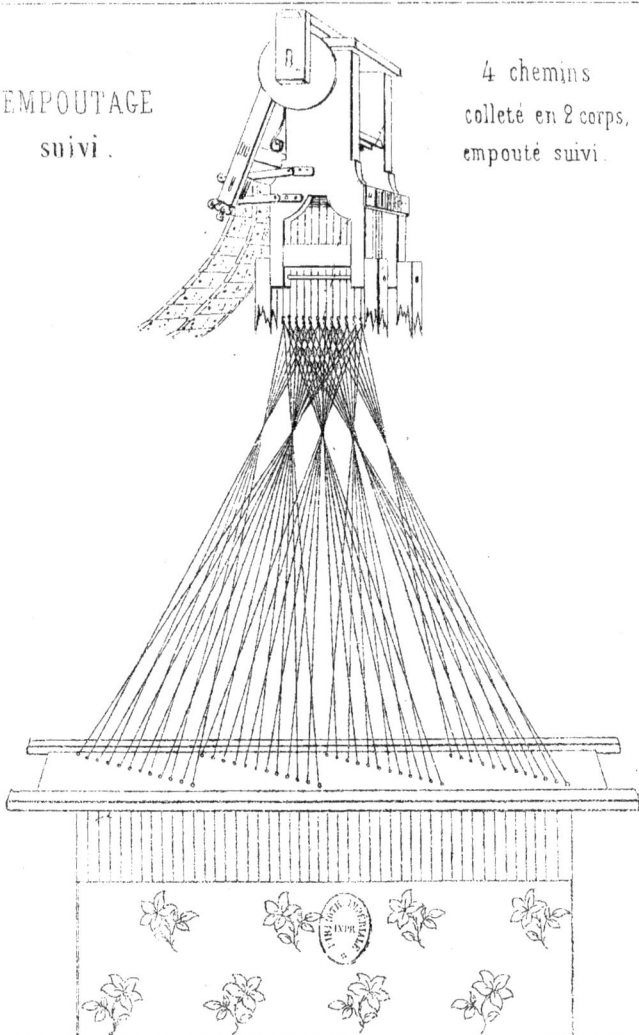

EMPOUTAGE

à pointes et retours.

4 Chemins

les pointes simples

à l'opposé.

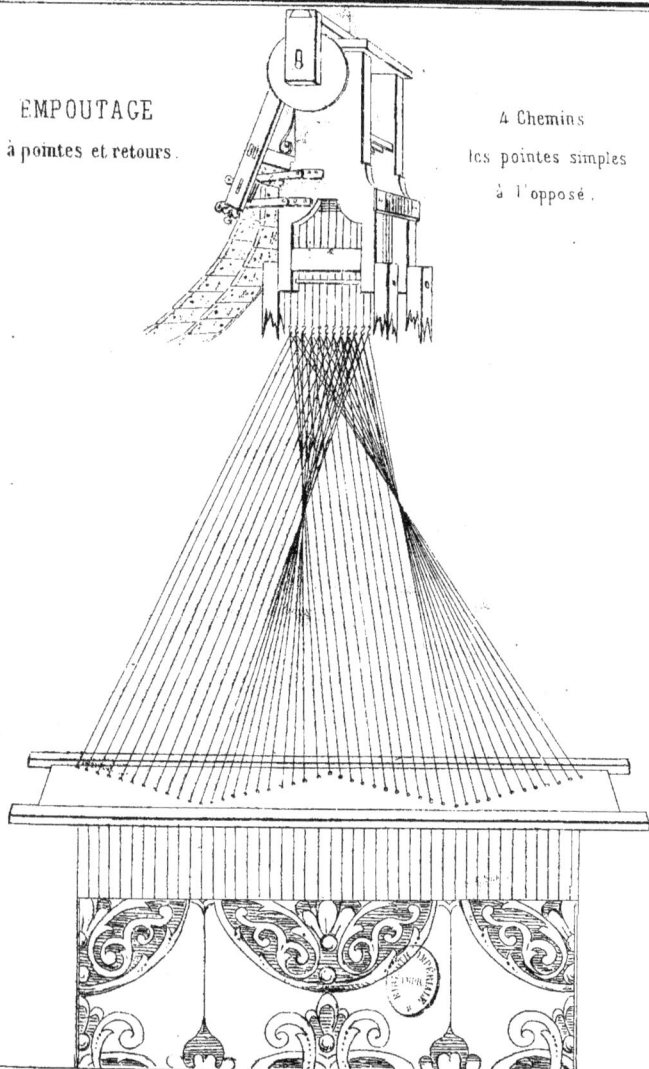

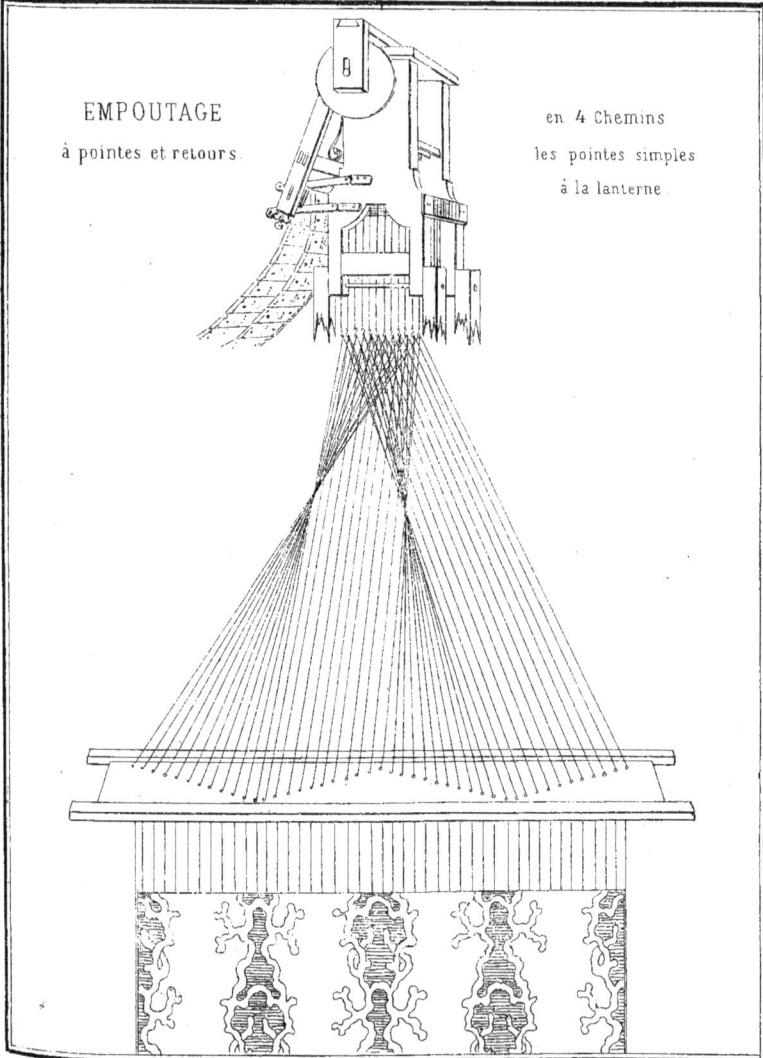

EMPOUTAGE

à pointes et retours.

en 4 Chemins

les pointes simples

à la lanterne.

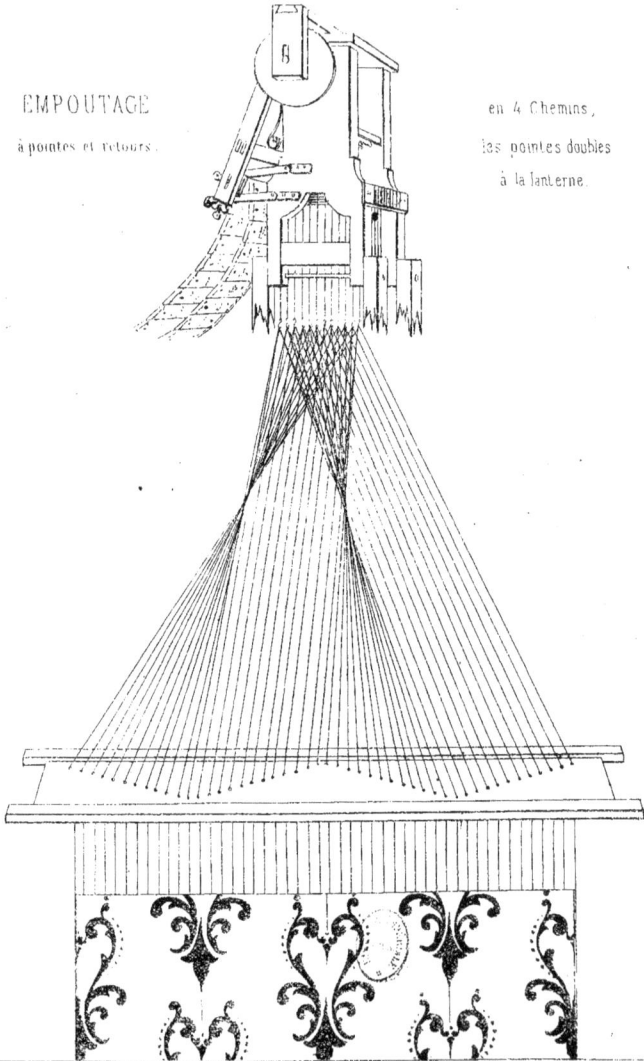

EMPOUTAGE

à pointes et retours.

en 4 Chemins,

les pointes doubles

à la lanterne.

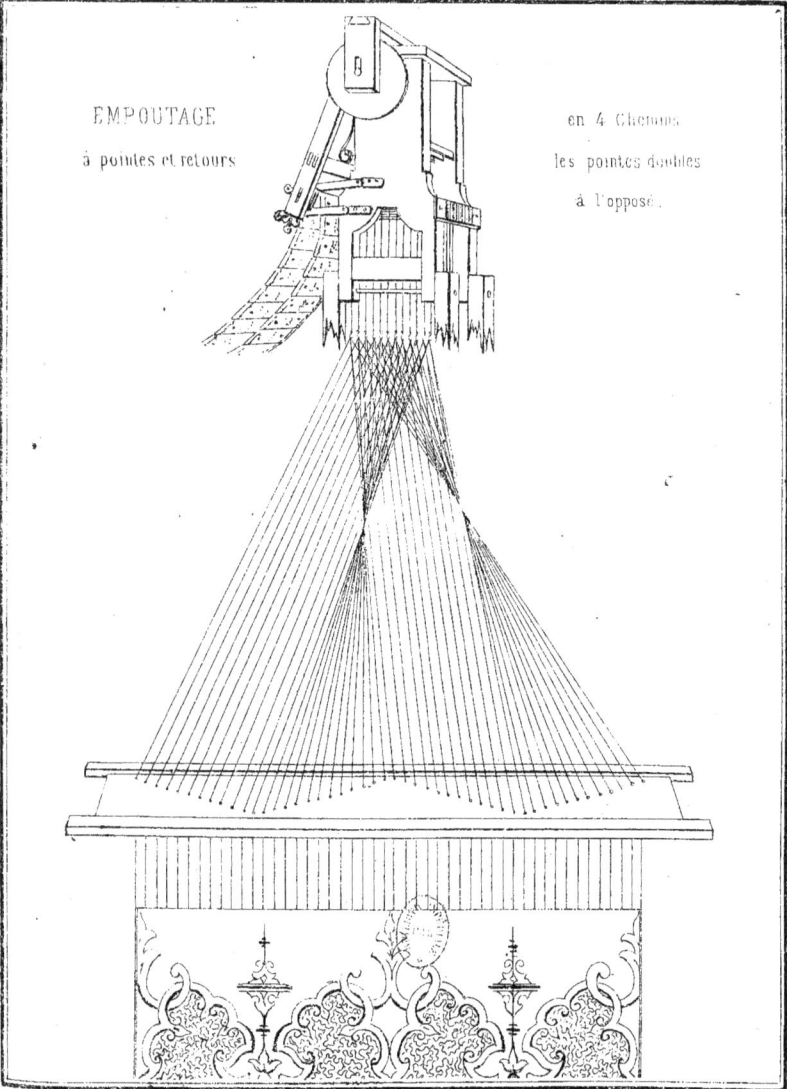

EMPOUTAGE

à pointes et retours

en 4 Chemins

les pointes doubles

à l'opposé.

EMPOUTAGE
avec bâtard.

4 Chemins
à pointe et retour
avec bâtard.

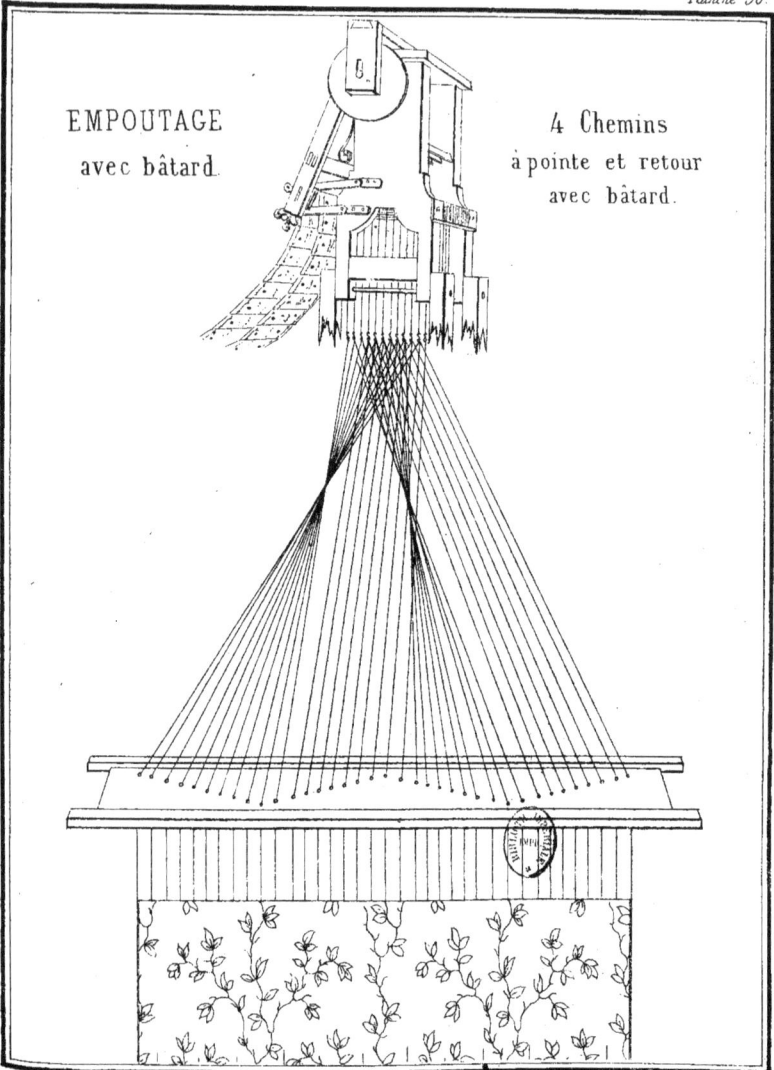

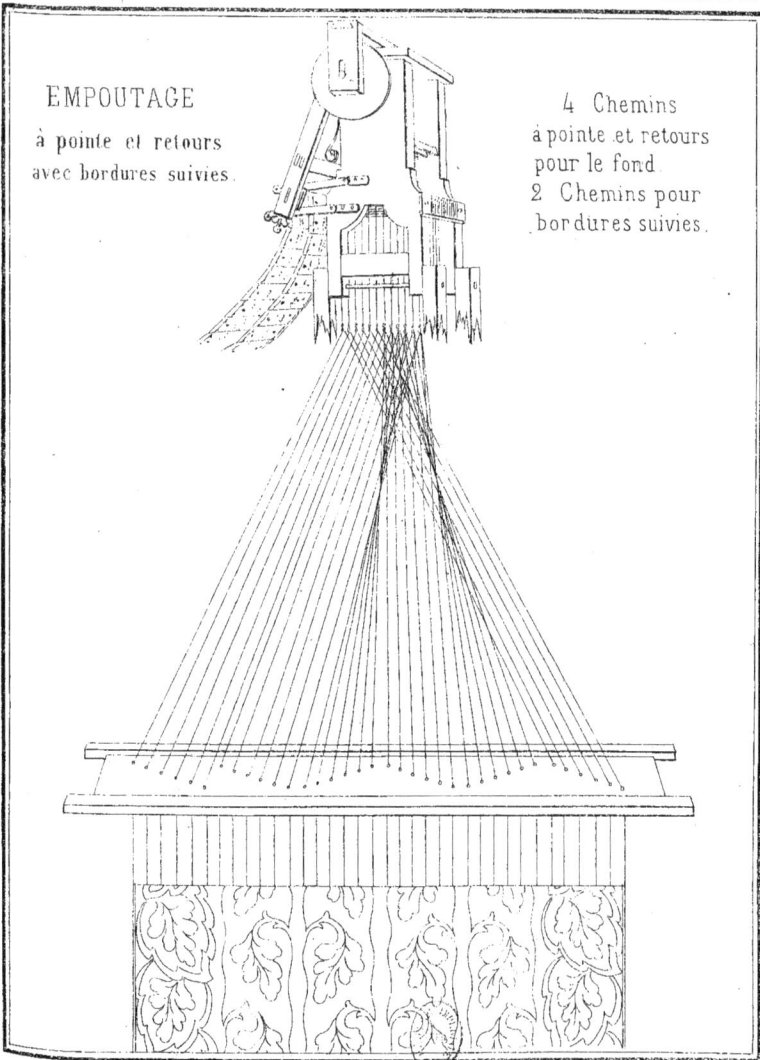

EMPOUTAGE

à pointe et retours
avec bordures suivies.

4 Chemins
à pointe et retours
pour le fond.
2 Chemins pour
bordures suivies.

EMPOUTAGE
à pointe et retour
avec Bordures.
—

En 4 chemins,
les pointes simples
avec bordures en regard.

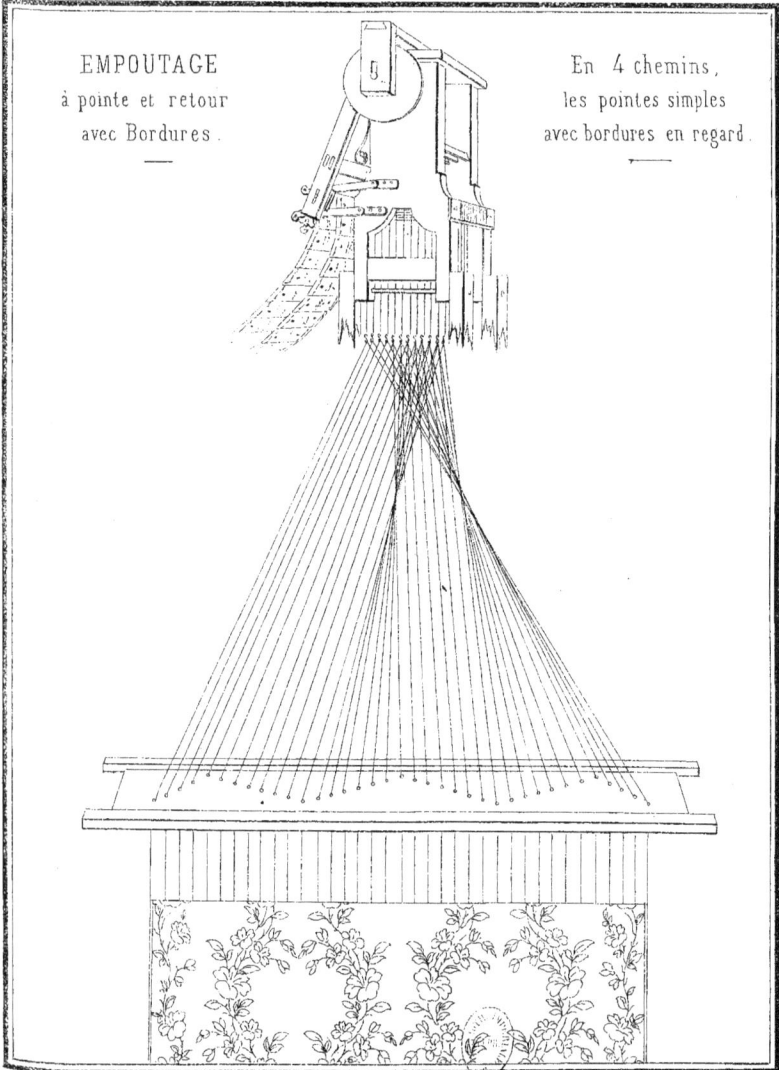

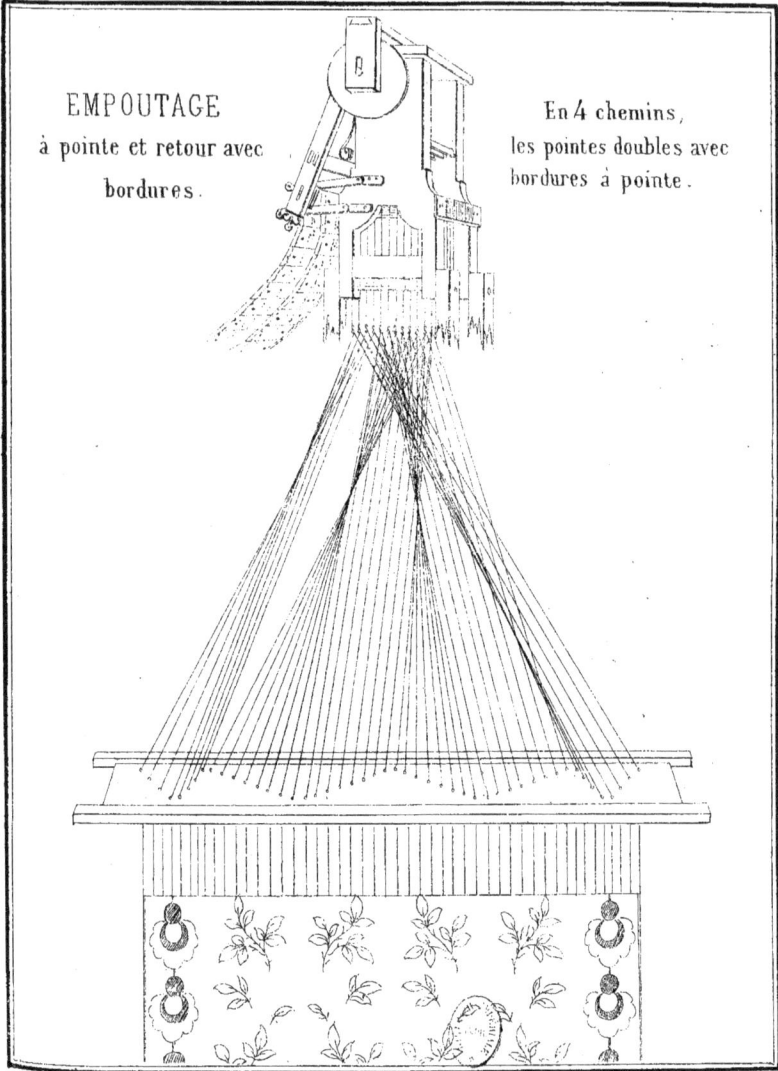

EMPOUTAGE
à pointe et retour avec
bordures.

En 4 chemins,
les pointes doubles avec
bordures à pointe.

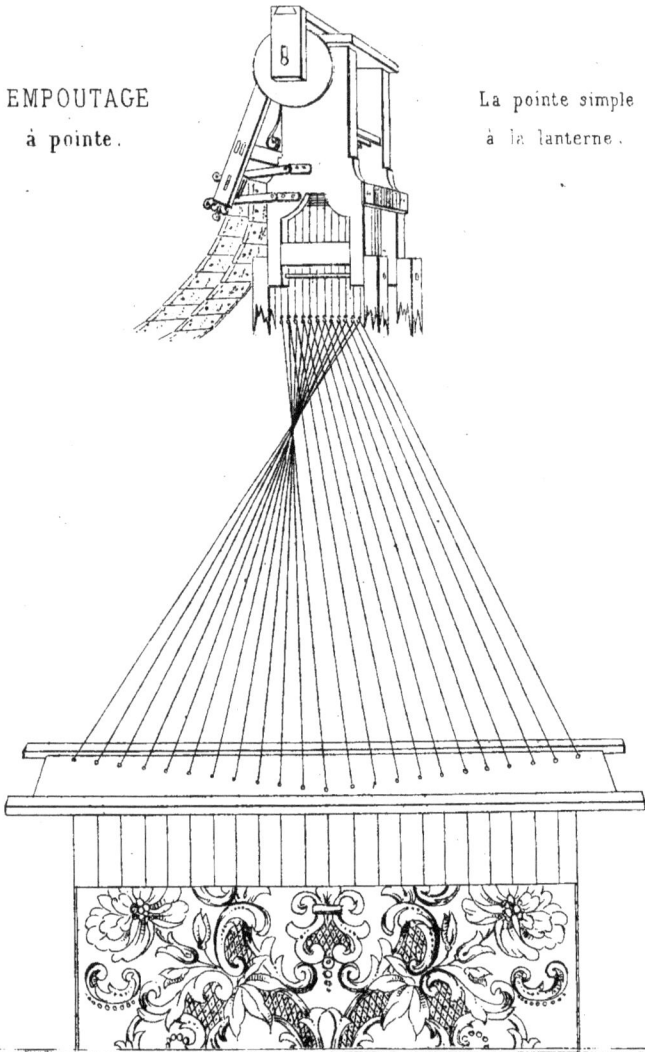

EMPOUTAGE

à pointe.

La pointe simple

à la lanterne.

Auprrain del et sculp.   *Lyon. Imp Jacquet.*

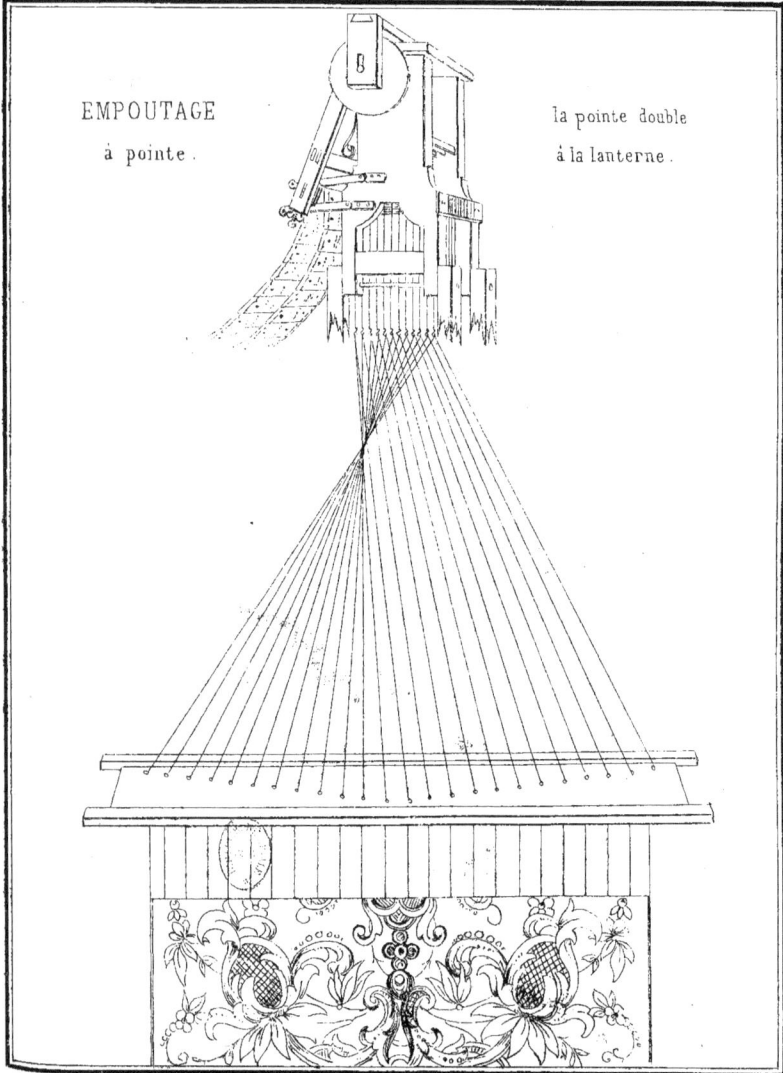

EMPOUTAGE

à pointe.

la pointe double

à la lanterne.

A.orrain del et sculp.   Lyon, Imp. Jacquet.

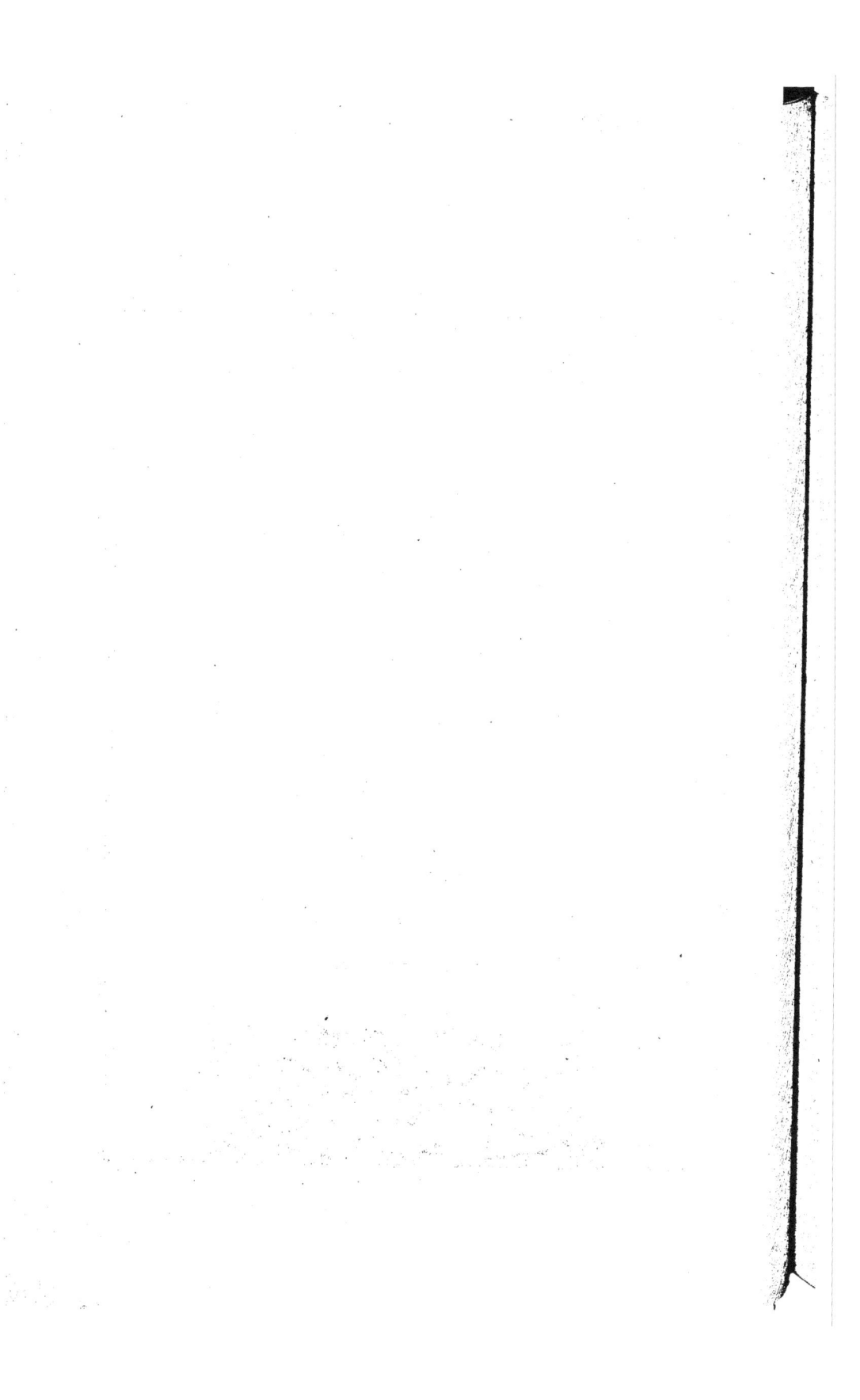

EMPOUTAGE
à pointe.

La pointe double
à l'opposé.

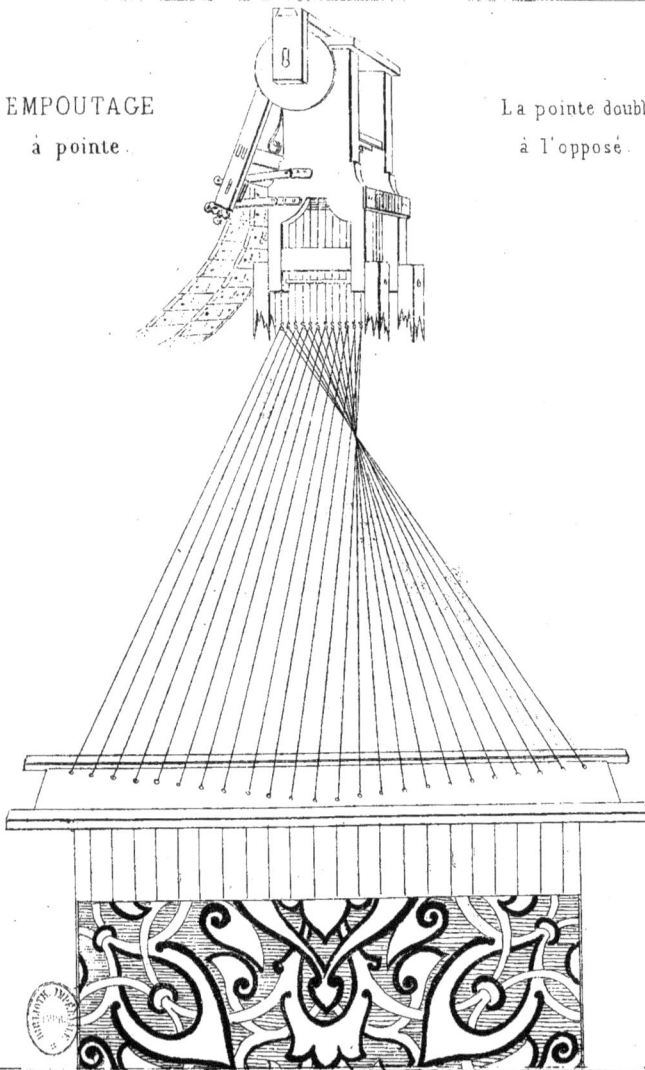

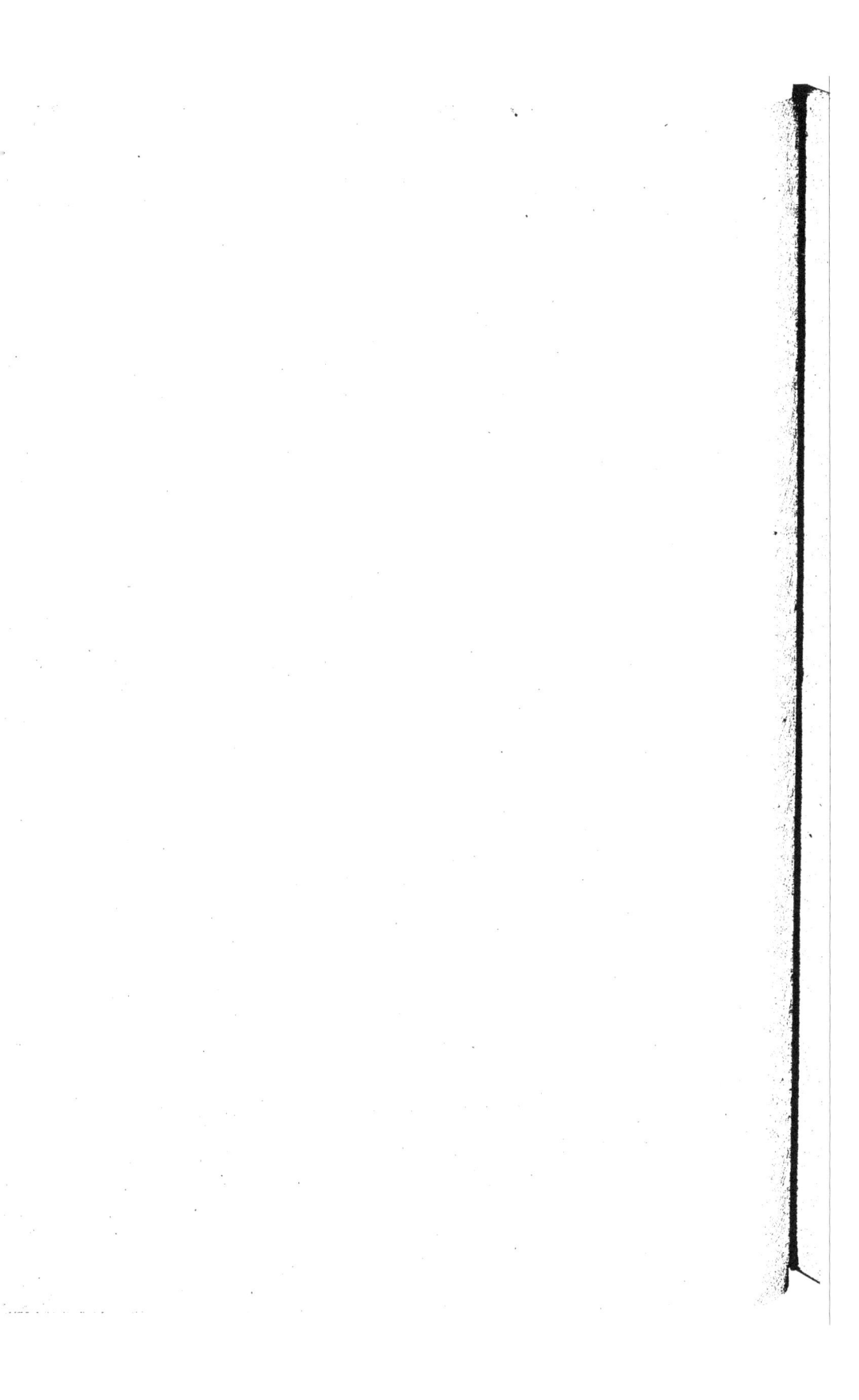

EMPOUTAGE
à pointe.

avec batard
à la lanterne.

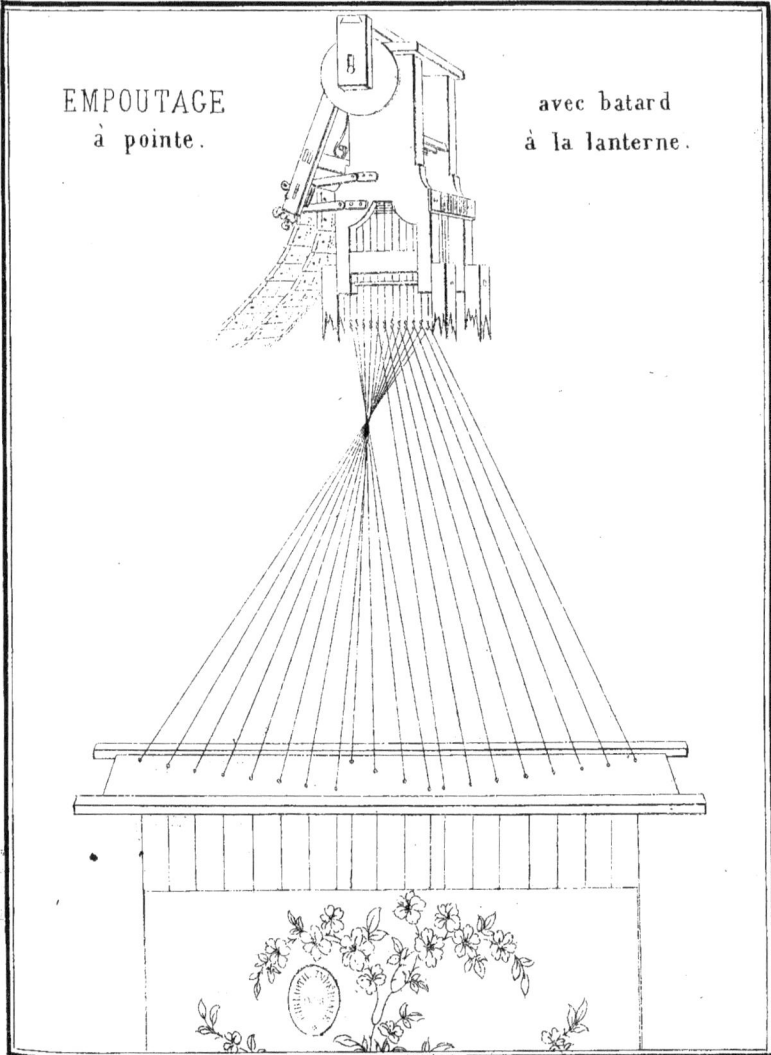

A.Lorrain del et sculp. Lyon, Imp. Jacquet.

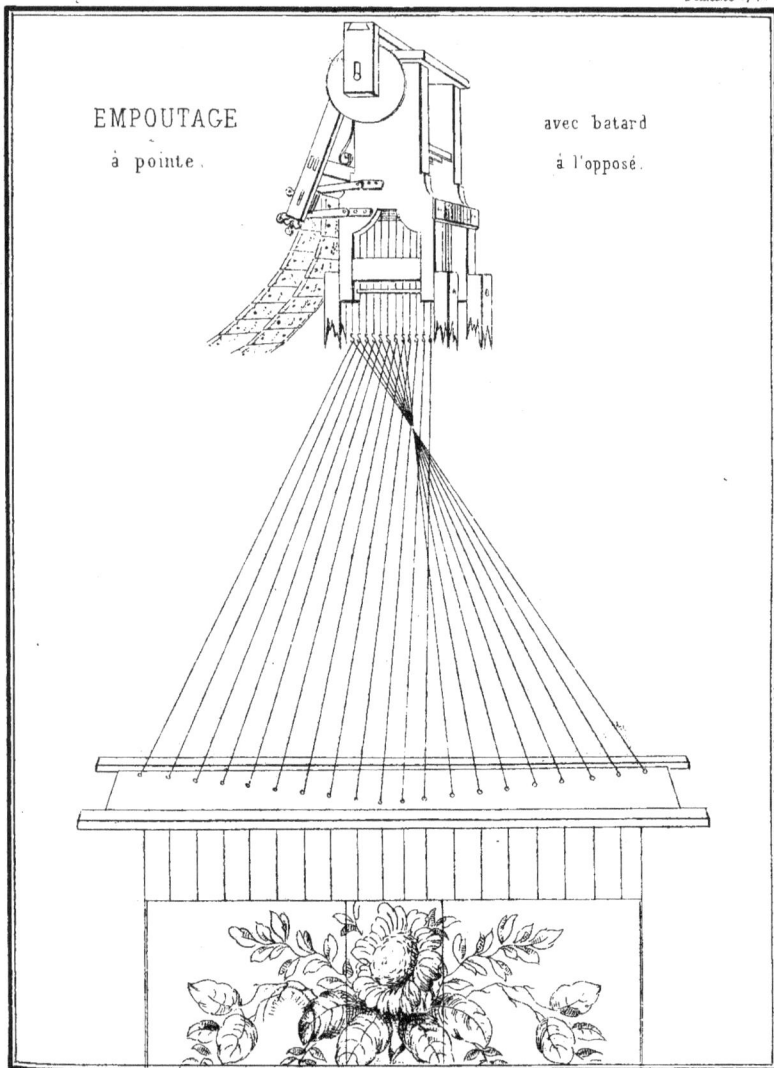

EMPOUTAGE

à pointe.

avec batard

à l'opposé.

A.orrain del et sculp.   Lyon. Imp. Jacquel.

EMPOUTAGE
à pointe,

avec batard
à la lanterne et
à l'opposé.

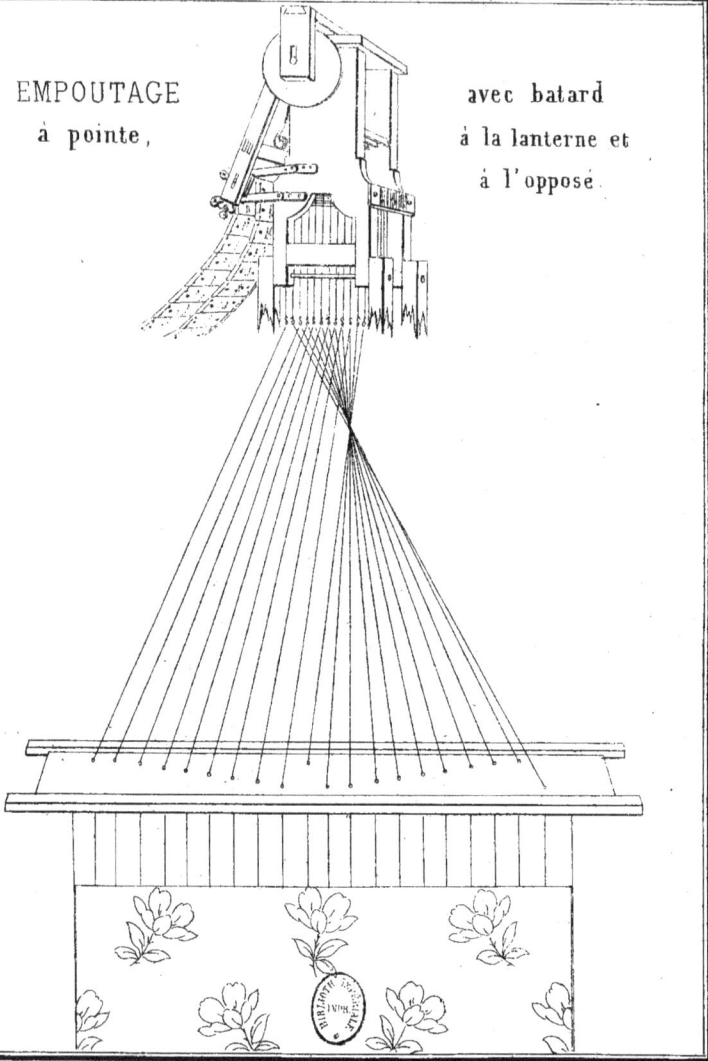

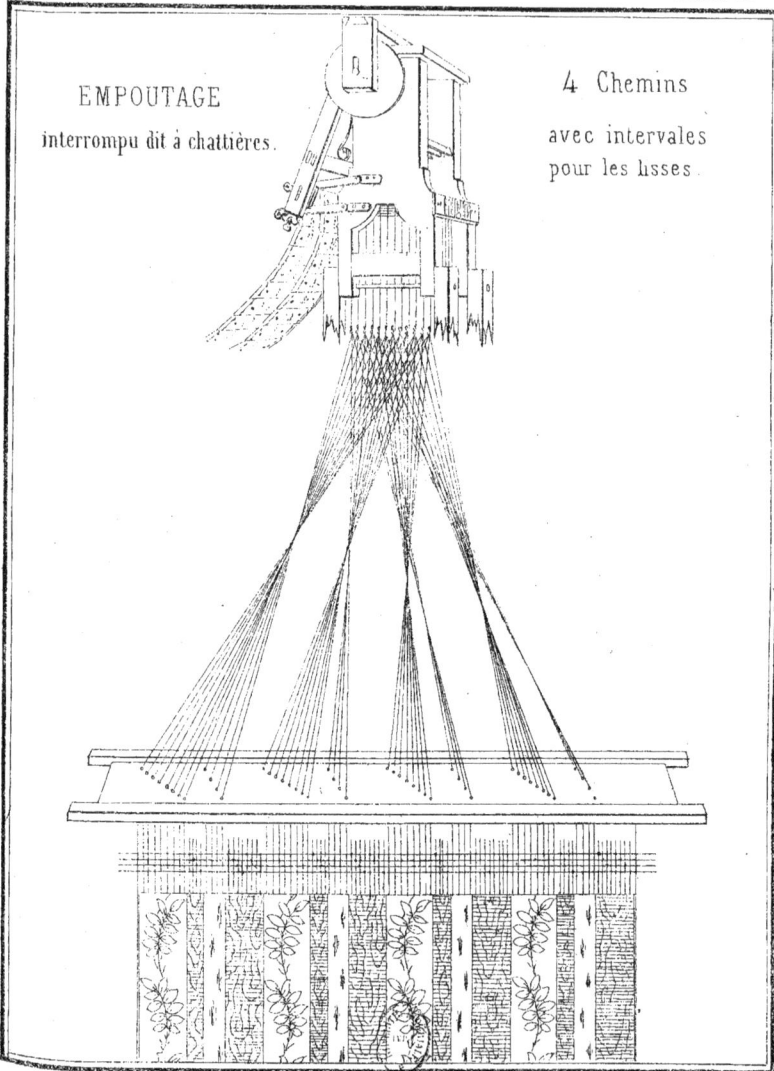

EMPOUTAGE

interrompu dit à chattières.

4 Chemins

avec intervales
pour les lisses.

A.orrain del et sculp Imp. Jacquet.

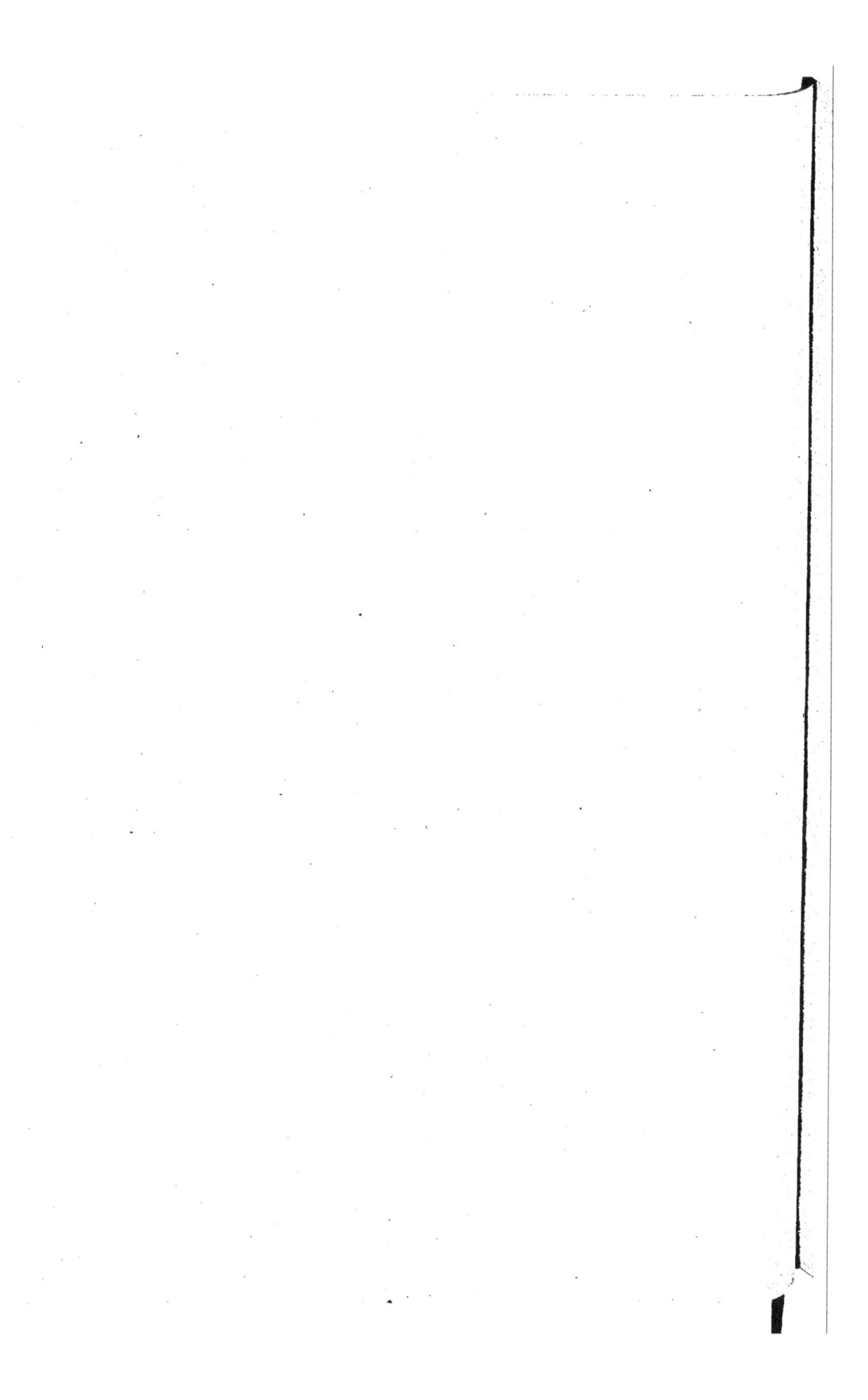

EMPOUTAGE
à paquets.

En 2 Chemins suivis.

A - 6 cordes pour façonné
répétées deux fois.
B - 4 cordes pour gros grain
répétées deux fois.
C - 2 cordes pour taffetas
répétées trois fois.

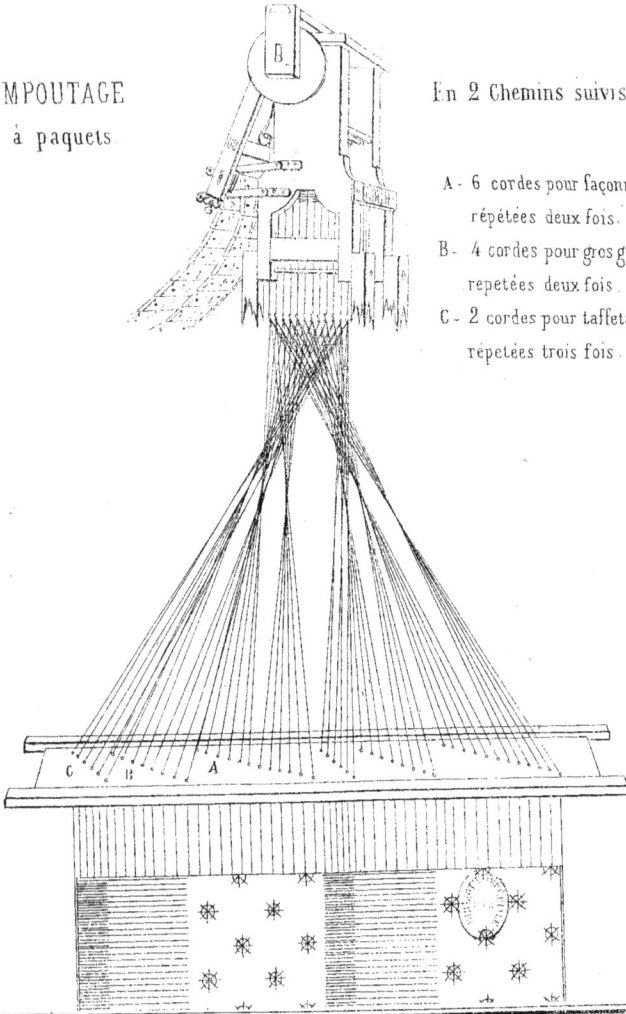

A.orrain del. et sculp.   *Lyon, Imp. Jacquet.*

EMPOUTAGE

à pointe.

La pointe double à l'opposé.

Colleté suivi, 2 cordes
au collet, empoutés en
taffetas.

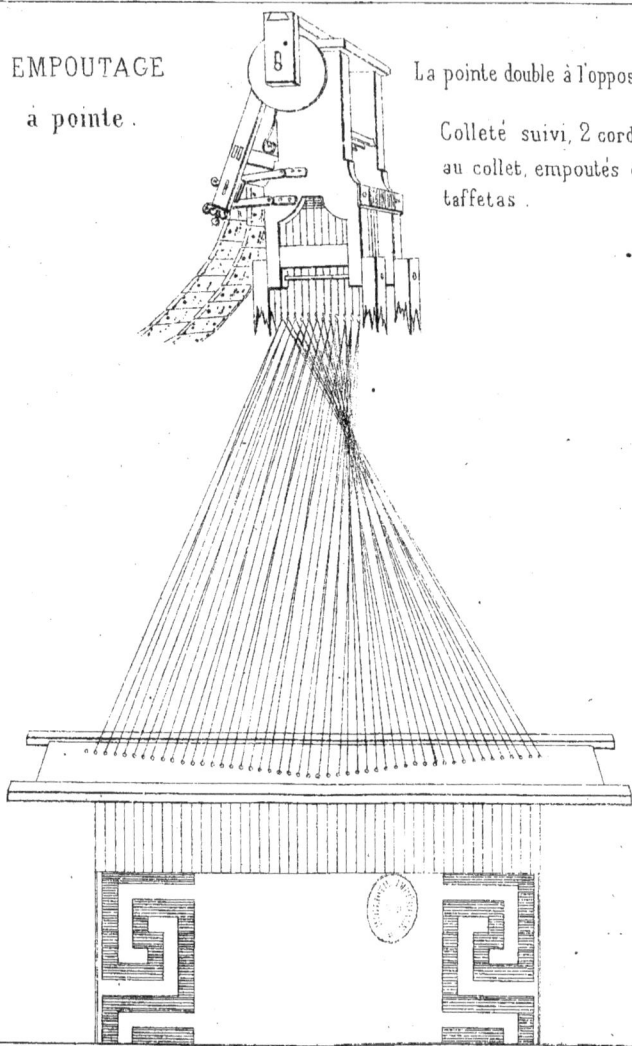

A. Lorrain del. et sculp.　　　　　　　　Lyon imp. Jacquet et Vebbard.

EMPOUTAGE POUR CHÂLE

à pointe et retour

avec bordures.

4 Chemins

à pointe et retour pour
le fond, les bordures avec
doubles arcades et à coulisses
pour économiser des cartons
de dessin.

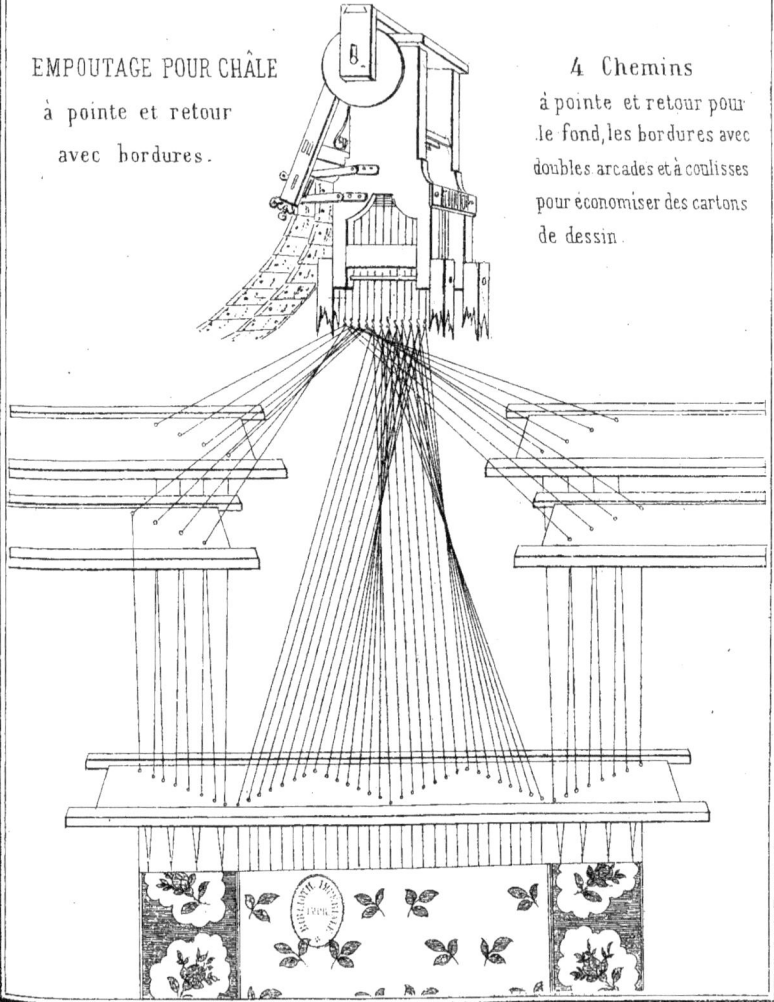

EMPOUTAGE

suivi.

4 chemins
sur 2 corps.

Disposition
pour Droguet, Liseré,
et Lustrine.

A- Corps de la pièce
B- Corps de poil.
C- Liage de la pièce

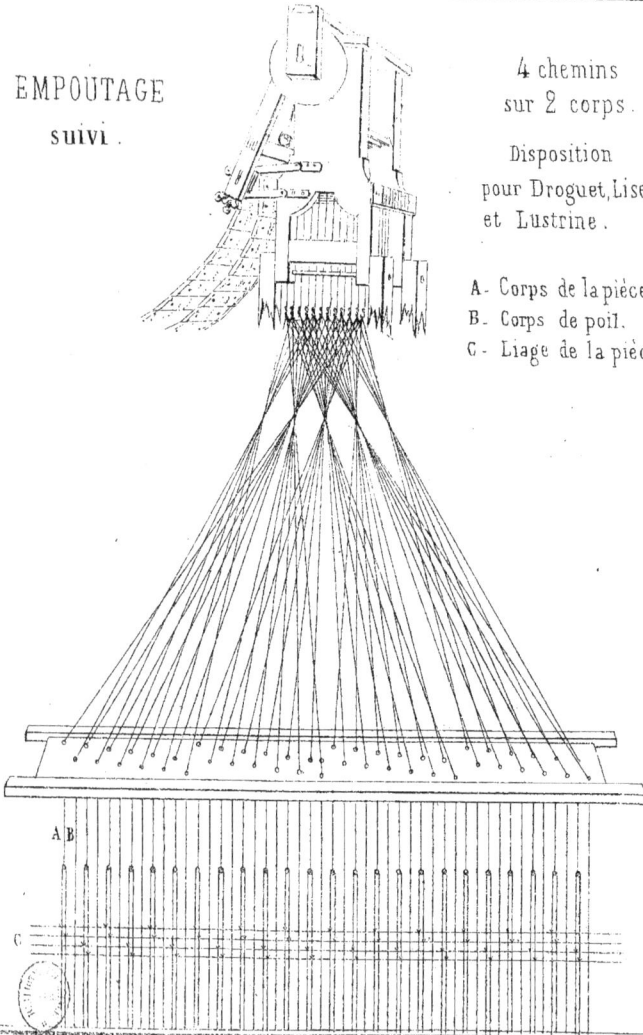

A B

C

EMPOUTAGE

à pointe.

2 Chemins

la pointe double.

Disposition pour Damassé

A - Corps de maillons à 5 fils.
B - Lisses de levée
C - Lisses de rabot

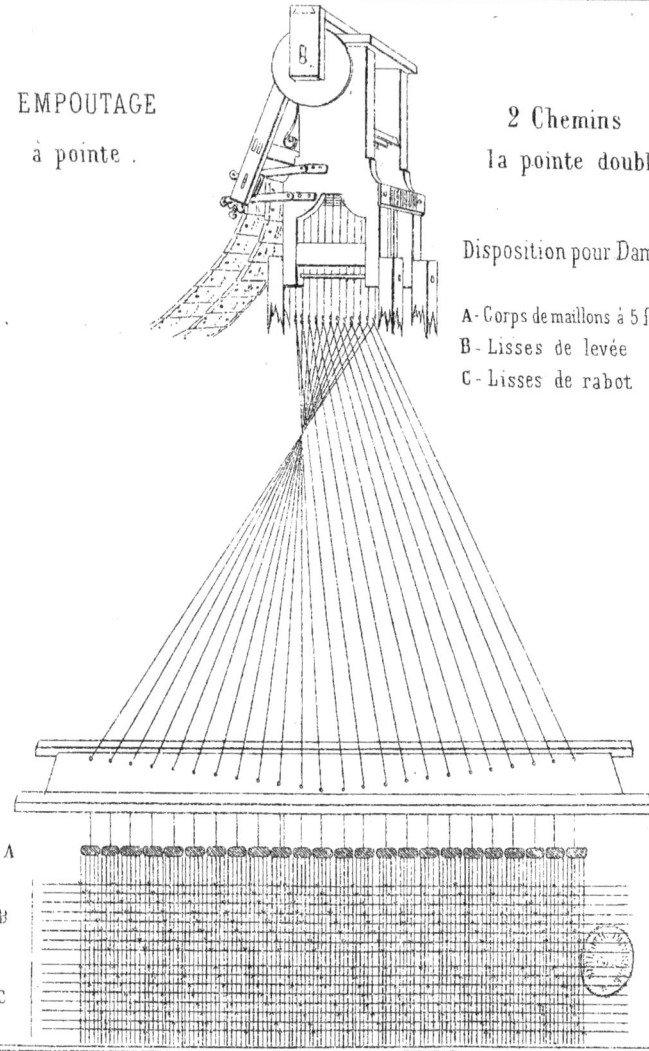

A

B

C

Lorrain del et sculp.   *Lyon, Imp. Jacquet.*

EMPOUTAGE
suivi.

Un seul Chemin.

Disposition pour meuble
sur fond satin.

A. Lisses de liages en levée.
B. Lisses de satin en levée.
C. Lisses de liages en rabat.

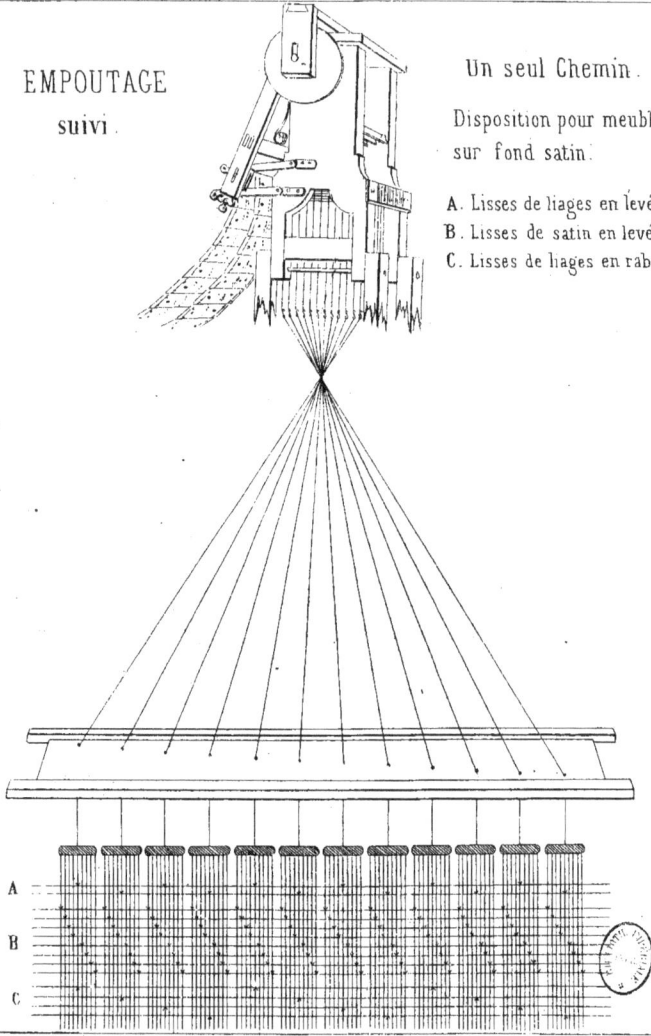

A
B
C

EMPOUTAGE

à pointe.

2 Chemins à pointe

en deux corps.

DISPOSITION

pour meuble taille-douce.

A - Corps satin
B - Corps taille-douce.
C - Liage du poil en levée.
D - Liage de la taille-douce.
E - Liage du Satin.
F - Liage du poil en rabat.

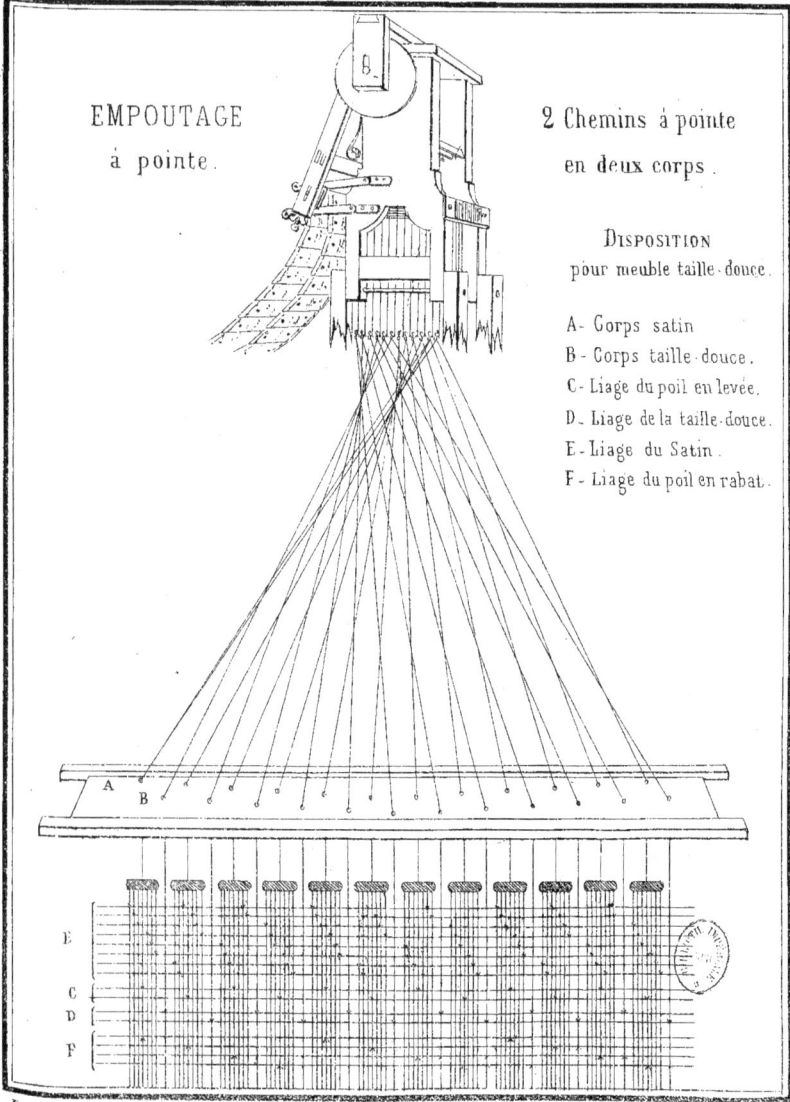

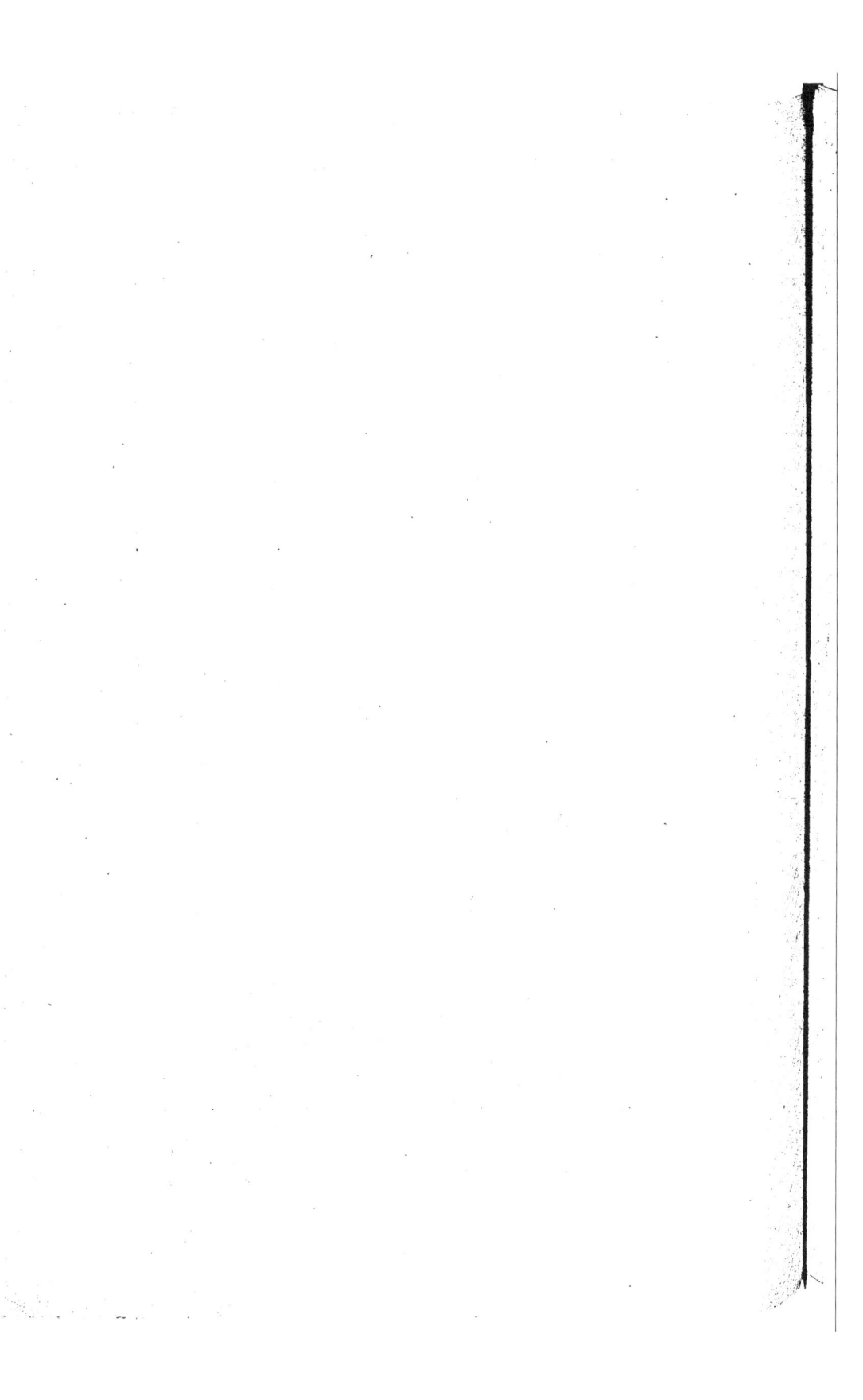

EMPOUTAGE

suivi.

Un seul Chemin.

Disposition pour meuble
fond cannetillé.

A. Liage du poil.
B. Liage du cannetillé.
C. Liage du cannetillé.
D. Liage de la pièce
E. Liage du poil en rabat.

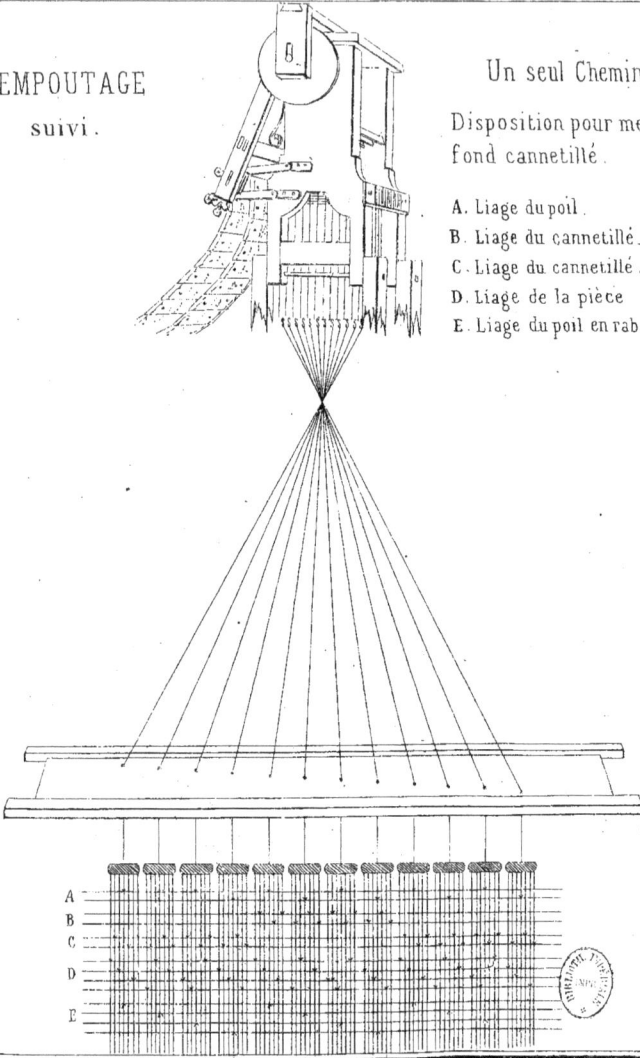

A
B
C
D
E

EMPOUTAGE

pour Velours.

4 chemins suivis.

Par 2 cordes de fond
et une corde de poil.

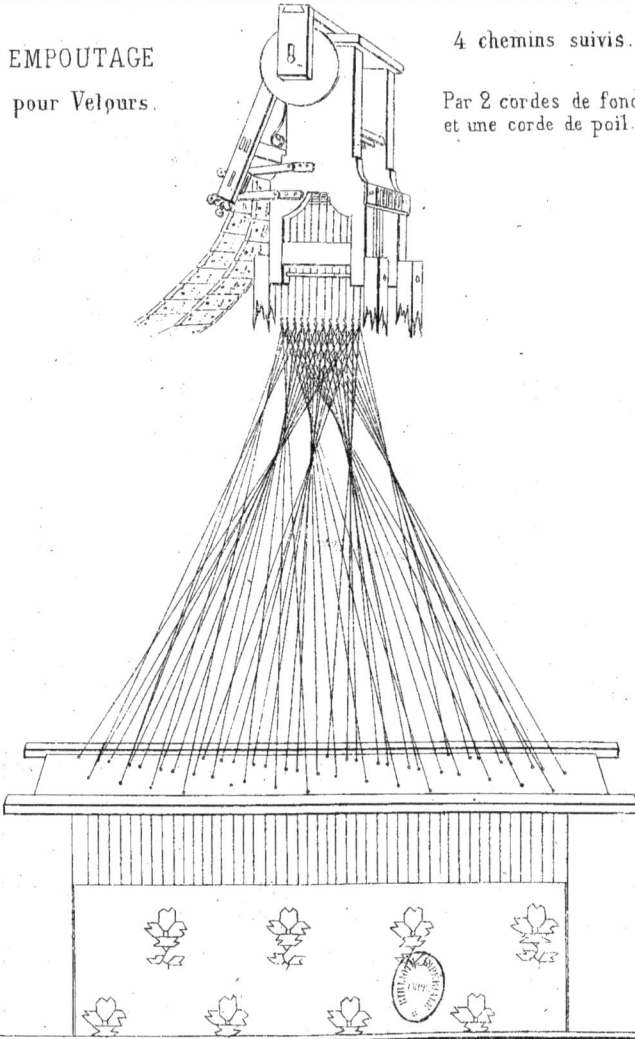

A.orrain del et sculp

Lyon. Imp. Jacquet.

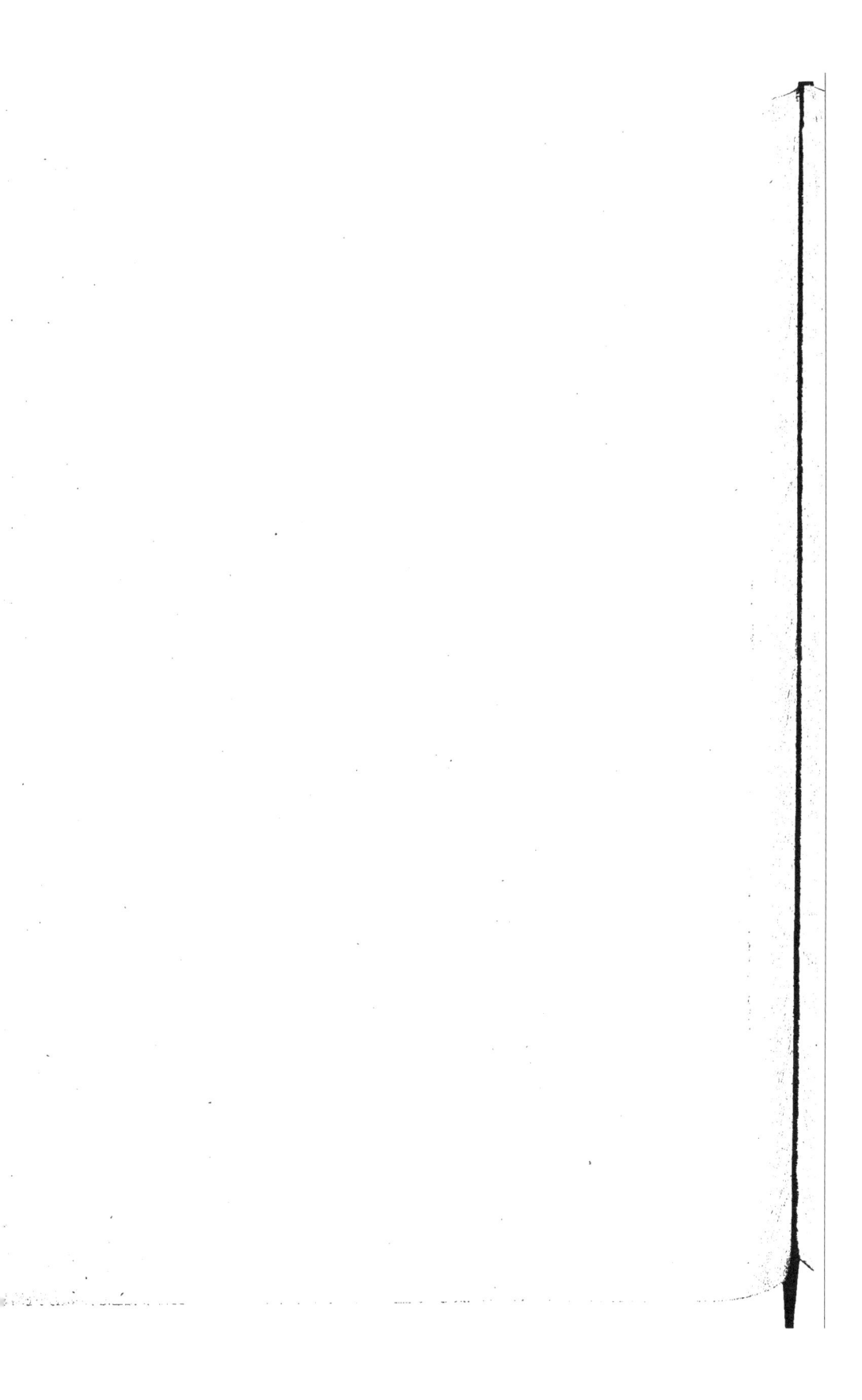

EMPOUTAGE
pour velours.

En 3 chemins suivis.
—
2 fils de piéce sur maillons.
1 fil de poil sur lisses.

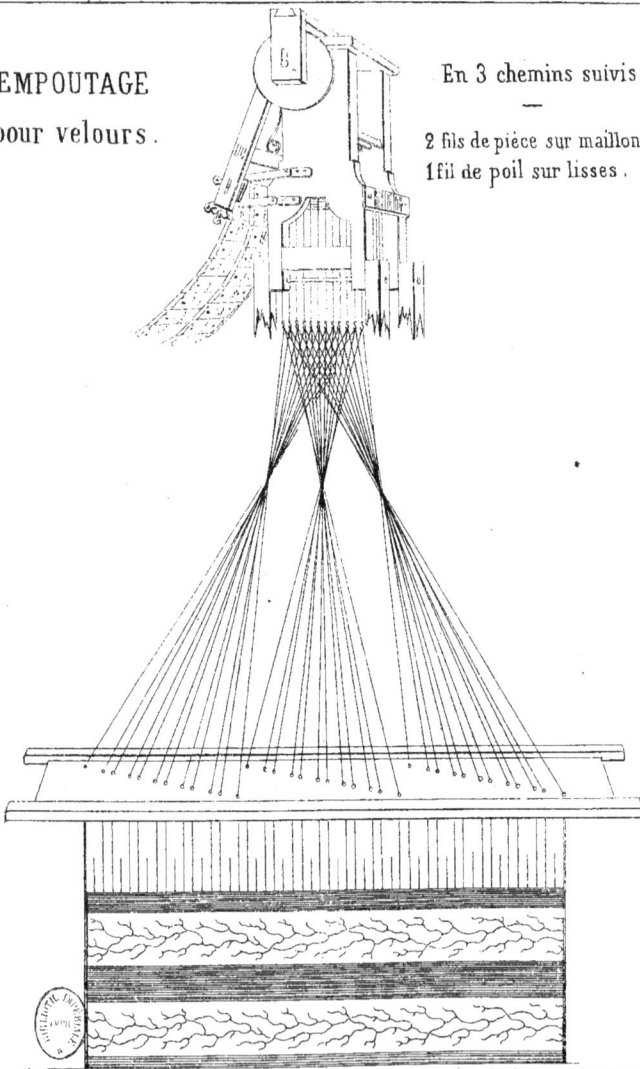

A.orrain del et sculp. *Lyon, Imp. Jacquet et Vettard.*

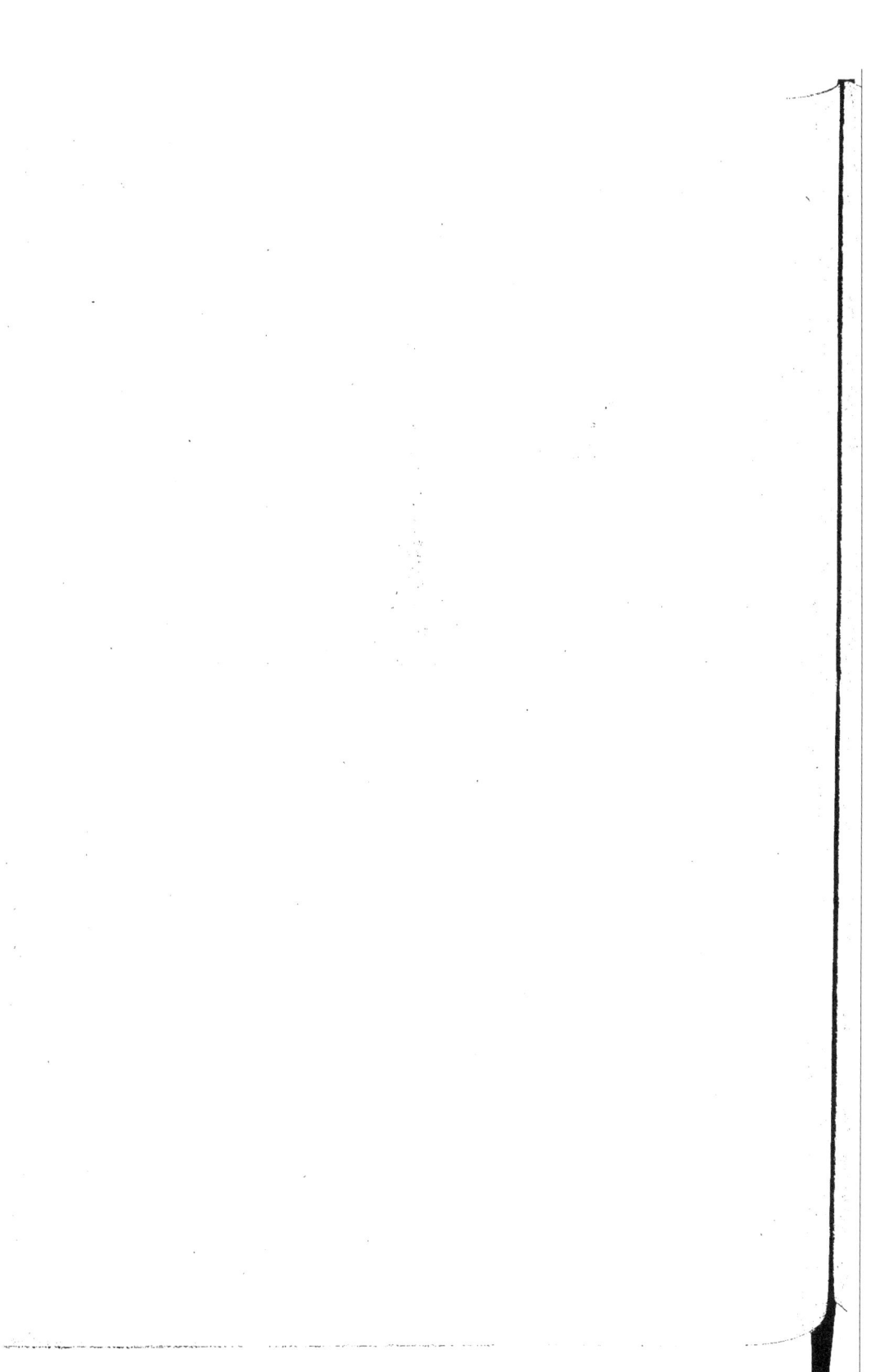

EMPOUTAGE

pour velours

4 Chemins suivis.

Par 2 fils de fond sur 4 lisses,
et 1 fil 1er corps,
et 1 fil 2me corps, sur maillons.

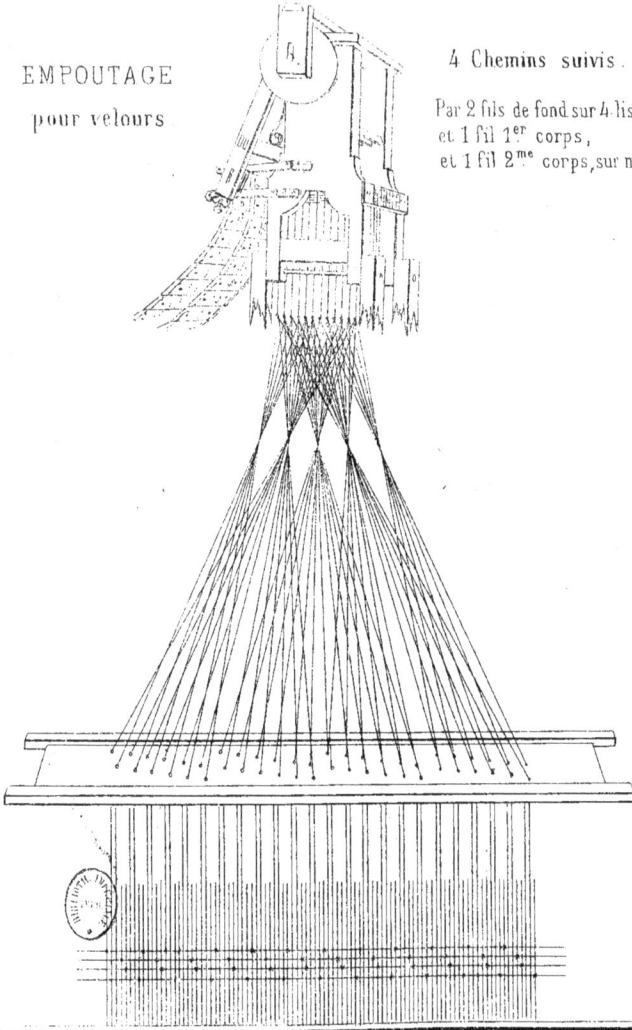

EMPOUTAGE

pour Velours.

4 Chemins
empouté en 4 corps
2 cordes au collet, un
maillon à la corde,
le poil sur corps et
sur lisses ; la piéce
sur lisses.

A· lisses de la piéce
B· liages du poil.

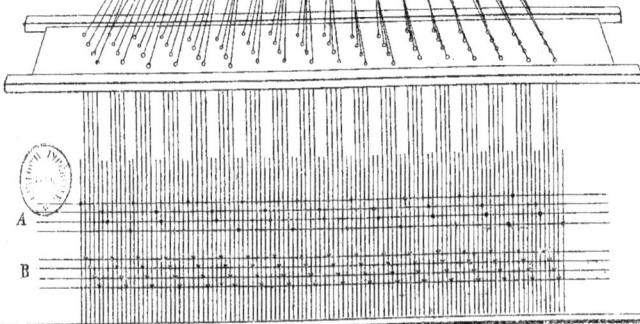

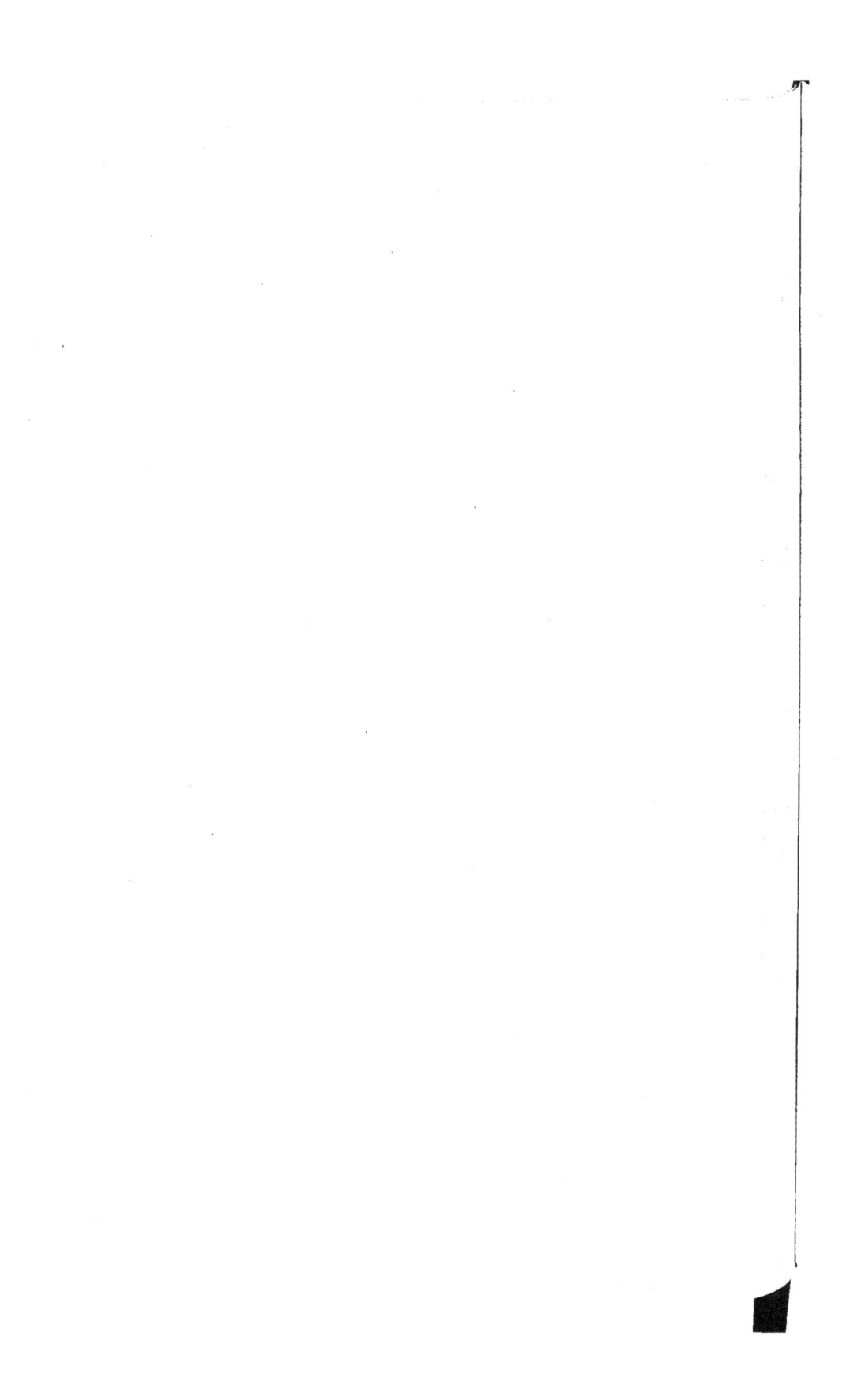

EMPOUTAGE de velours sur fond satin.
(dit à la Gandin)

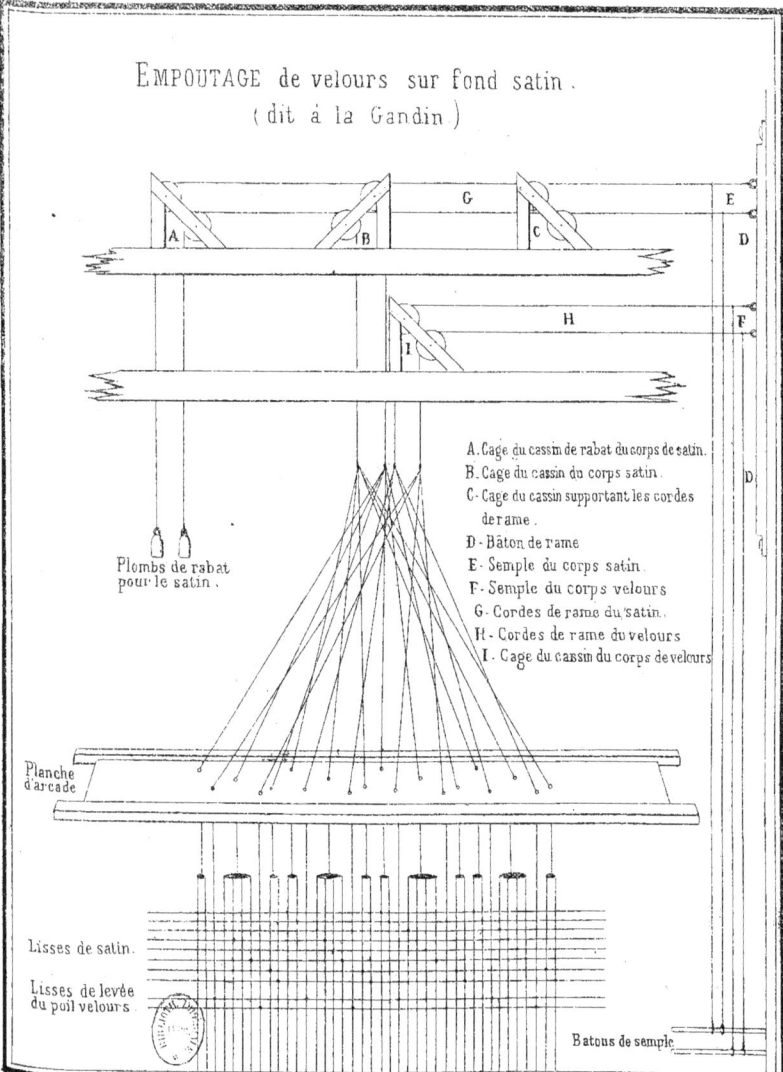

A. Cage du cassin de rabat du corps de satin.
B. Cage du cassin du corps satin.
C. Cage du cassin supportant les cordes de rame.
D. Bâton de rame
E. Semple du corps satin.
F. Semple du corps velours
G. Cordes de rame du satin.
H. Cordes de rame du velours
I. Cage du cassin du corps de velours

Plombs de rabat pour le satin.

Planche d'arcade

Lisses de satin.

Lisses de levée du poil velours

Batons de semple

CANTRE EN 4 CHEMINS SUIVIS.

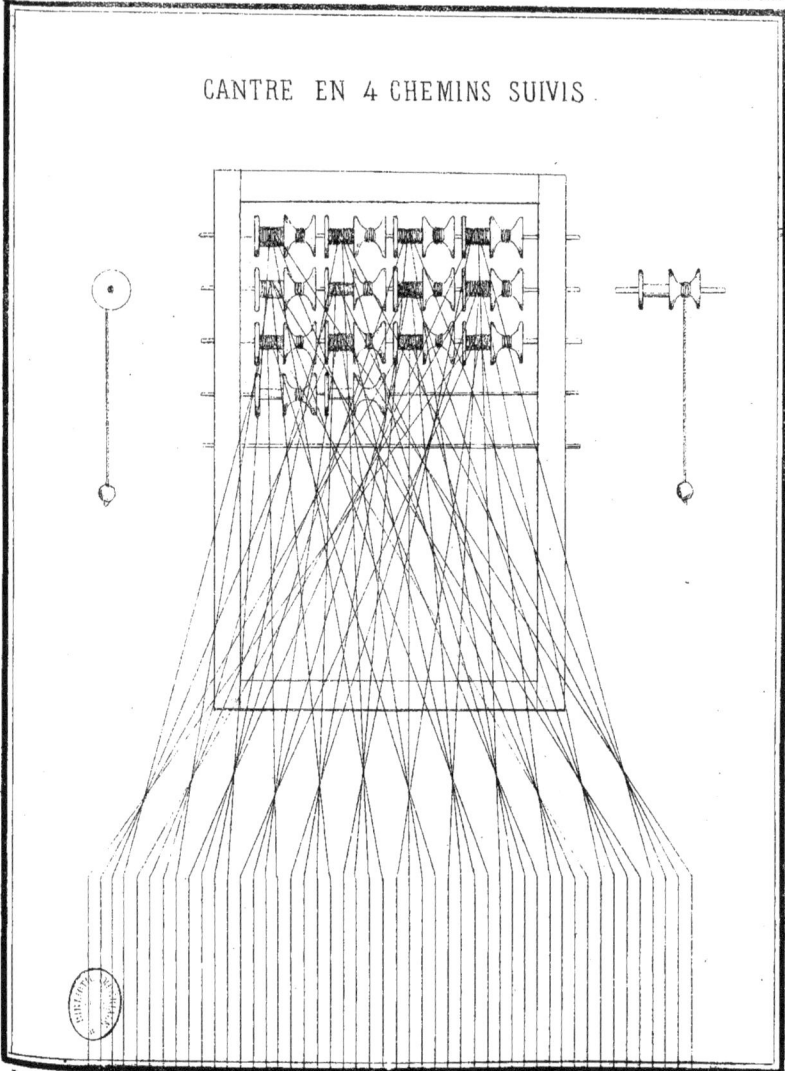

EMPOUTAGE

suivi.

2 chemins

sur 2 corps.

Disposition pour

façonné à jour.

A- Corps de pièce
B- Corps de tour anglais
C- Lisses portant la lisse
    à culotte..

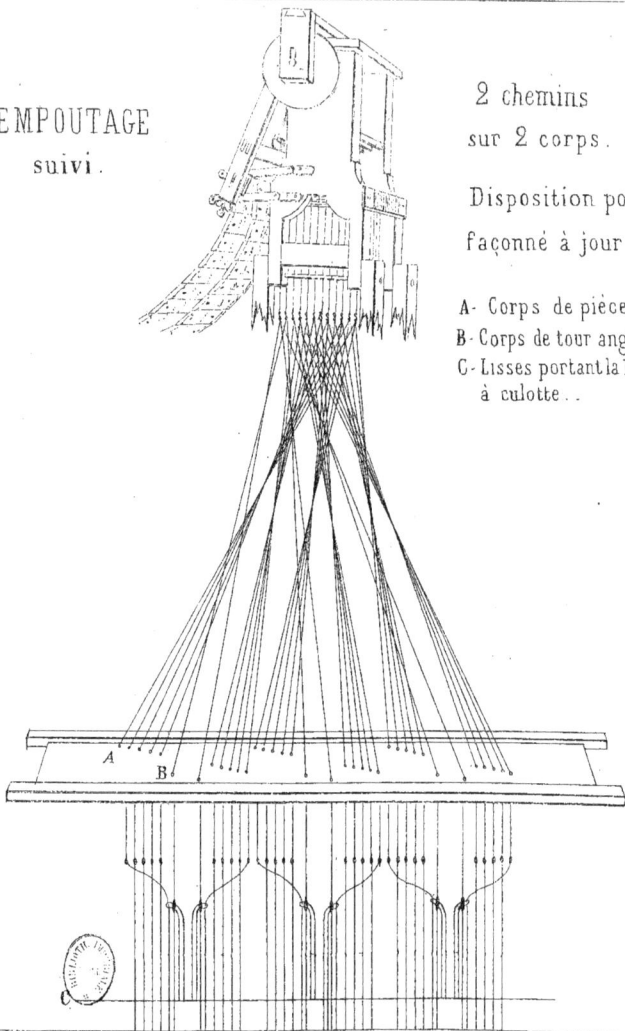

MOULINAGE.

Tirage de la soie (Tour de Piémont)

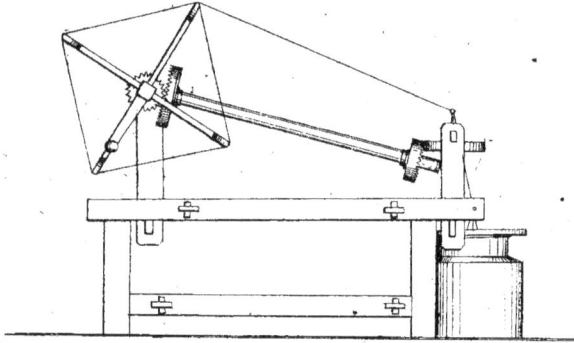

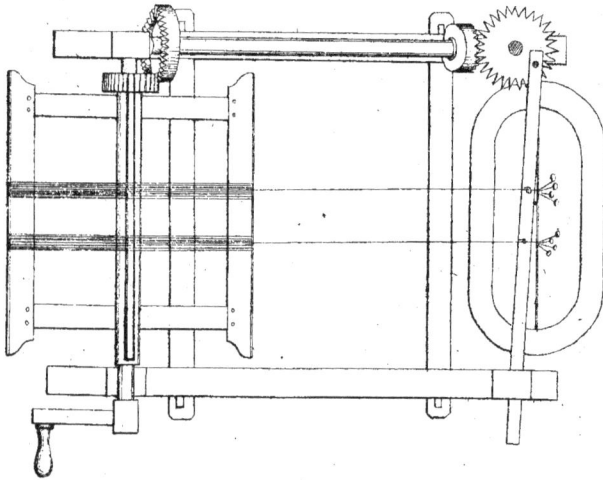

A.Lorrain del. et sculp.   *Lyon, Imp. Jacquet et Vellard.*

BEZON.

MOULINAGE.

(Moulin de Piémont pour organsiner les Soies .)

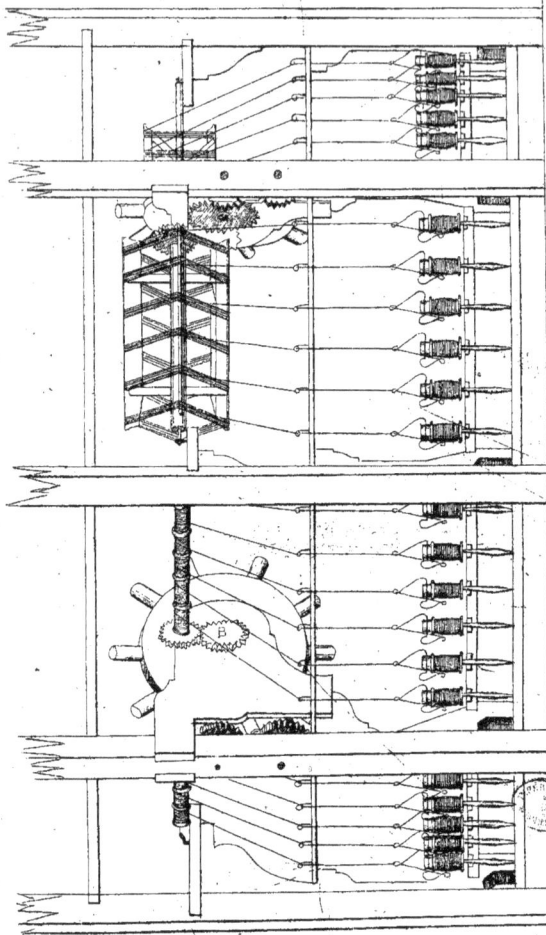

Bourrain del. et sculp.

Lyon. Imp. Jacquet et Vellard.

MOULINAGE

(Ovale)

A.errain del et sculp.

Lyon, Imp. Jacquet et Vellard.

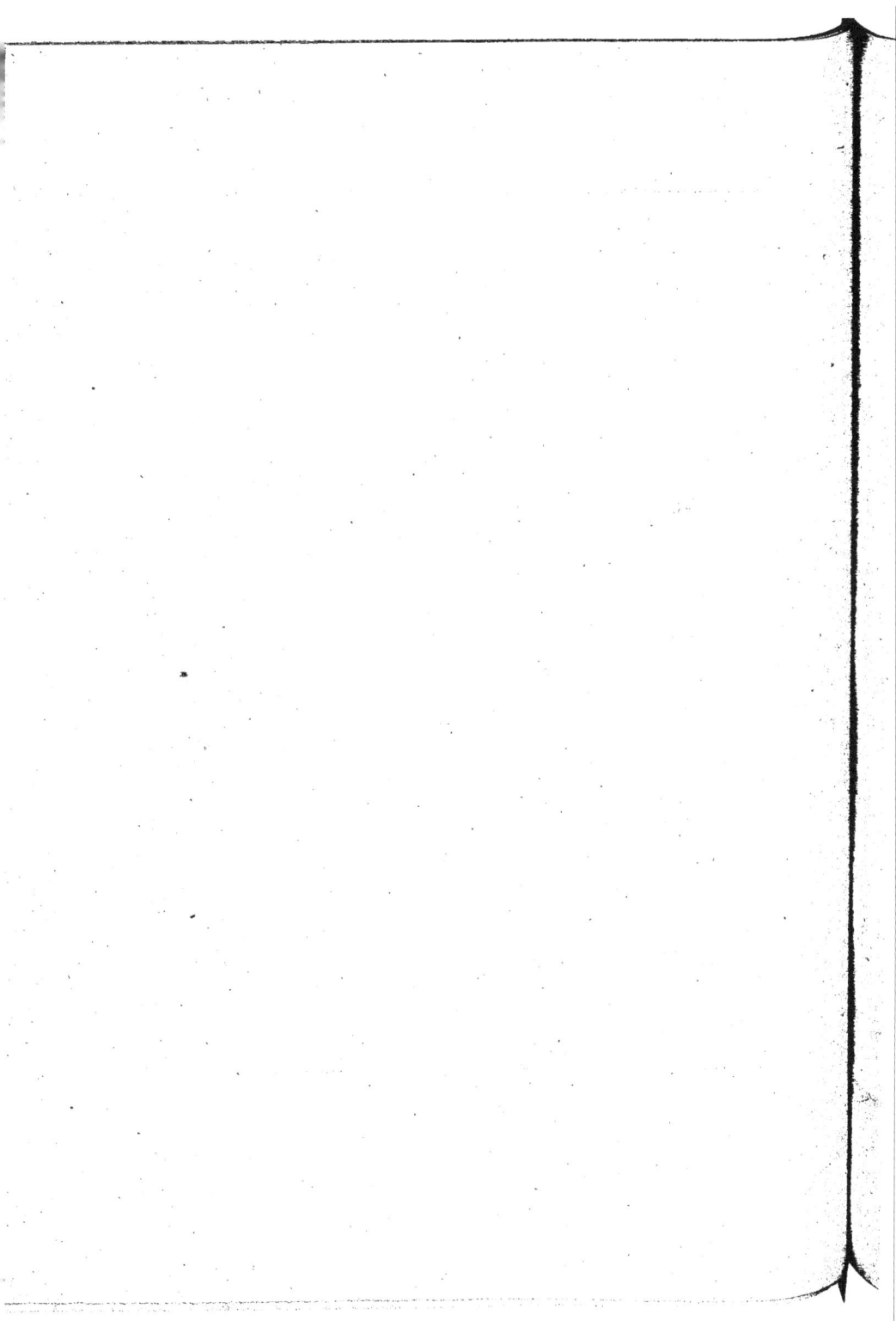

Dictionnaire général des tissus

BURDET & Cᴵᵉ
Ingʳˢ Mécanⁱᵉⁿˢ
LYON.

Pèse flotte

Eprouvette

Sérimètre

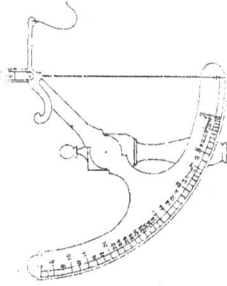
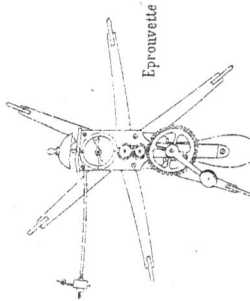
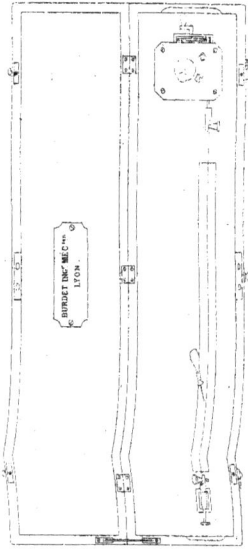
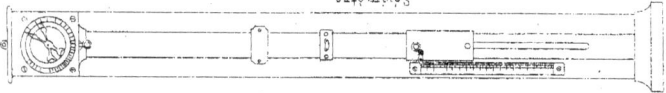

Compteur d'apprêt.

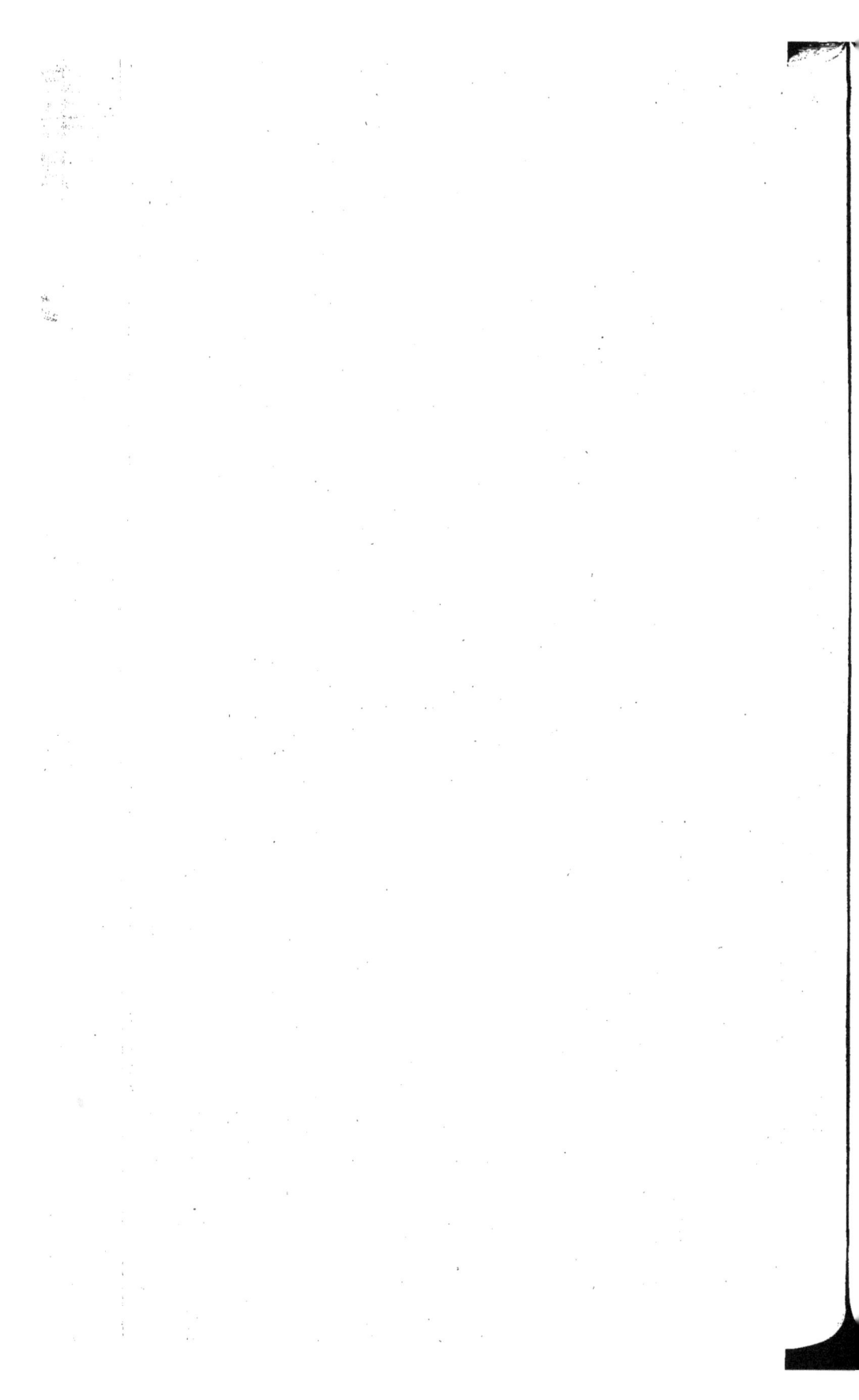

TABLEAU COMPARATIF
du Denier au Gramme.

Deniers.	Milligrammes.						
		10	531.18	40	2124.60	70	3718.05
		11	584.26	41	2177.71	71	3771.16
1/20e	2.65	12	637.38	42	2230.83	72	3824.28
1/19	2.79	13	690.49	43	2283.94	73	3877.39
1/18	2.95	14	743.61	44	2337.06	74	3930.51
1/17	3.12	15	796.72	45	2390.17	75	3983.62
1/16	3.31	16	849.84	46	2443.29	76	4036.74
1/15	3.54	17	902.95	47	2496.40	77	4089.85
1/14	3.79	18	956.07	48	2549.52	78	4142.97
1/13	4.08	19	1009.18	49	2602.63	79	4196.08
1/12	4.42	20	1062.30	50	2655.75	80	4249.20
1/11	4.83	21	1115.41	51	2708.86	81	4302.31
1/10	5.31	22	1168.53	52	2761.98	82	4355.43
1/9	5.90	23	1221.64	53	2815.09	83	4408.54
1/8	6.64	24	1274.76	54	2868.21	84	4461.66
1/7	7.59	25	1327.87	55	2921.32	85	4514.77
1/6	8.85	26	1381.00	56	2974.44	86	4567.89
1/5	10.62	27	1434.10	57	3027.55	87	4621.00
1/4	13.28	28	1487.22	58	3080.67	88	4674.12
1/3	17.70	29	1540.30	59	3133.78	89	4727.23
1/2	26.56	30	1593.45	60	3186.90	90	4780.35
1	53.11	31	1646.56	61	3240.01	91	4833.46
2	106.23	32	1699.68	62	3293.13	92	4886.58
3	159.34	33	1752.79	63	3346.24	93	4939.69
4	212.46	34	1805.91	64	3399.36	94	4992.81
5	265.57	35	1859.02	65	3452.47	95	5045.92
6	318.69	36	1912.14	66	3505.59	96	5099.04
7	371.80	37	1965.25	67	3558.70	97	5152.15
8	424.92	38	2018.37	68	3611.82	98	5205.27
9	478.03	39	2071.48	69	3664.93	99	5258.38
						100	5311.50

A. Lorrain del et sculp.　　　　　　　　Lyon. Imp. Jacquet et Veltard.

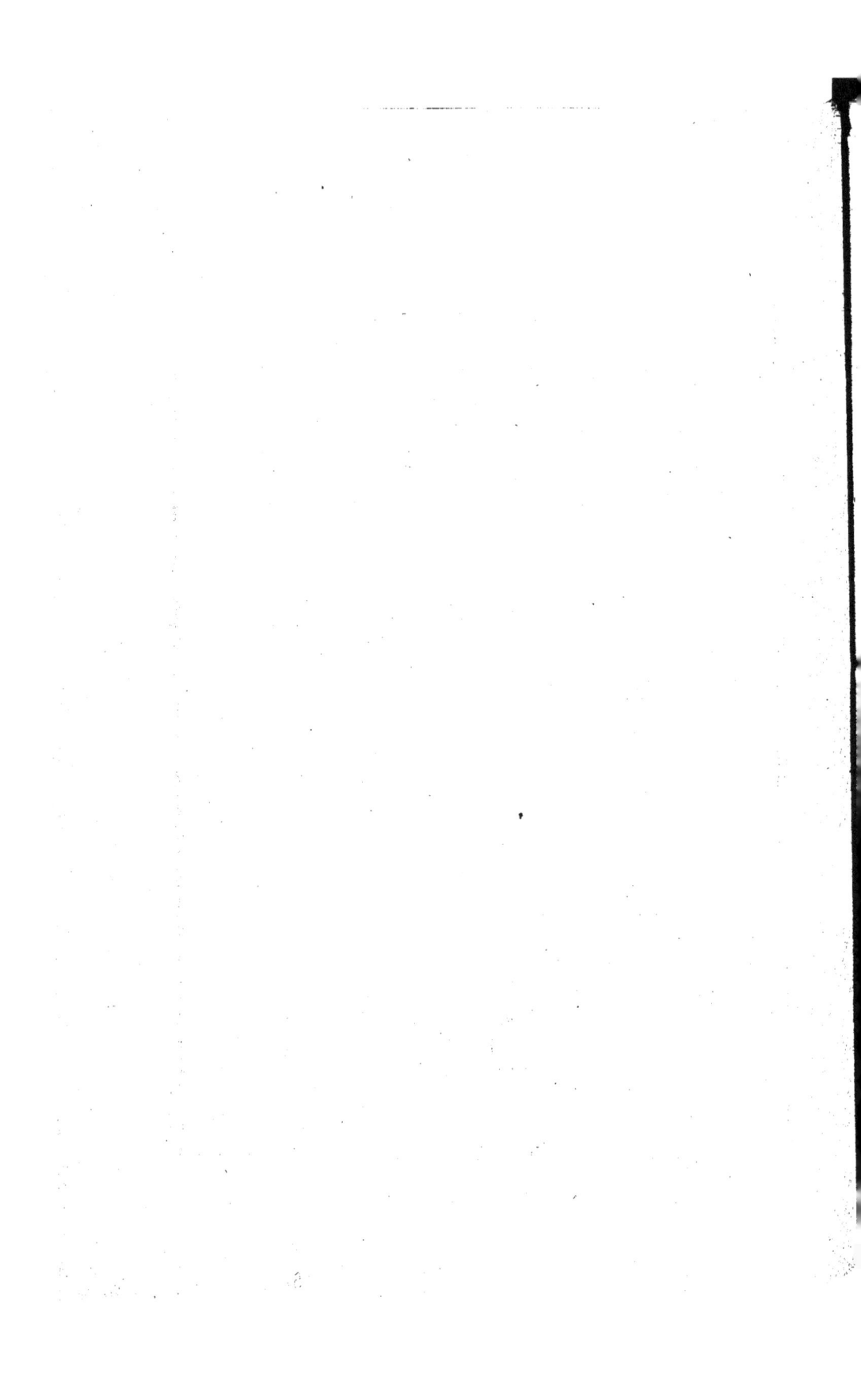

G

F   E   D   C   B   A

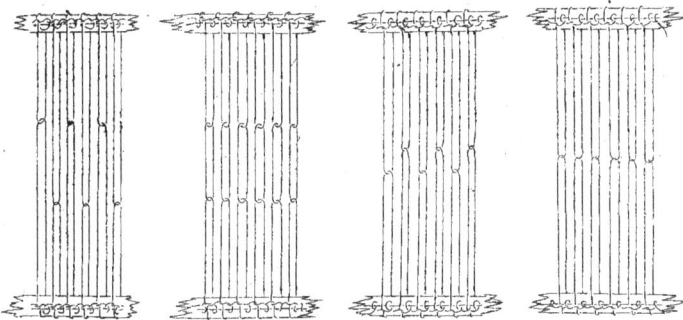

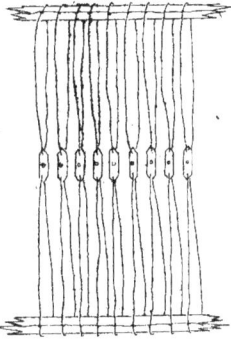

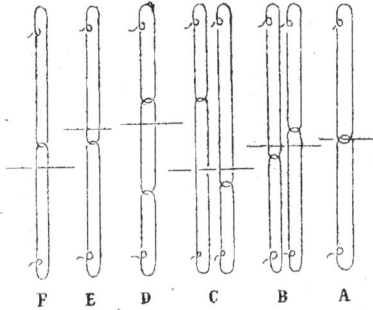

A. Maille à coulisse simple.
B.   id.   id.   double.
C. à grande maille double.
D.   id   id   simple.

E. Maille simple passée en levée.
F.   id.   id   en rabat
G. Lisse à maillons.

Lorrain del et sculp   *Lyon. Imp. Jacquet et Vetlard.*

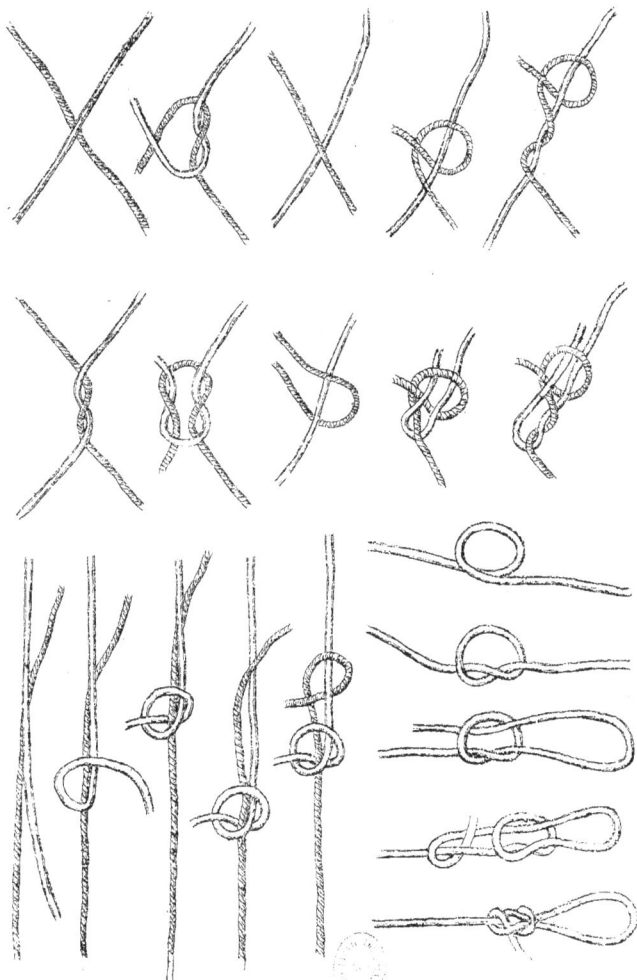

NŒUDS.

Lyon, Imp. Jacquet et Velard.

NŒUDS (suite)

Lyon, Imp. Jacquet et Pellerd.

Aurrans del. et sculp.

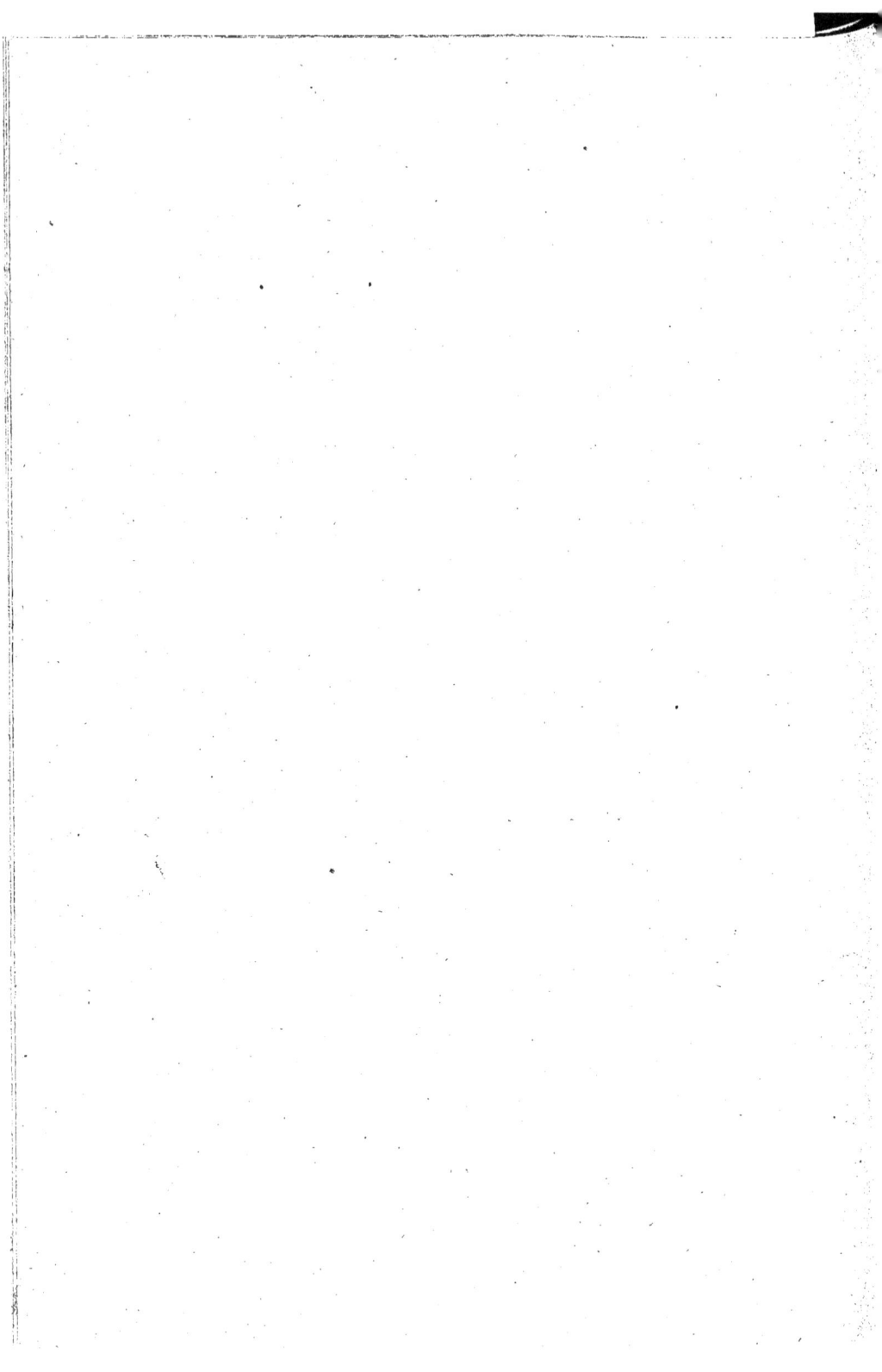

PEIGNES

Peigne non emboîté.   Peigne emboîté.

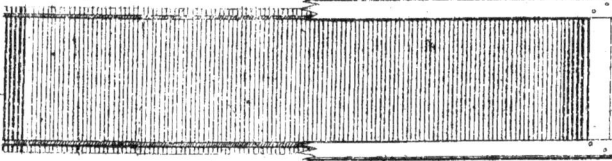

Peigne à disposition.   Peigne à coulisse.

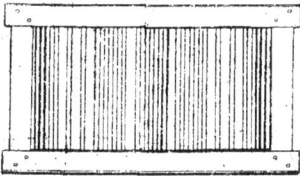

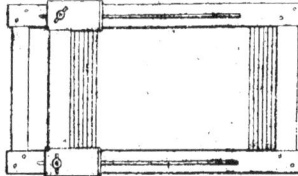

Peigne à éventail.

Peigne à dents courtes pour étoffes à jour.

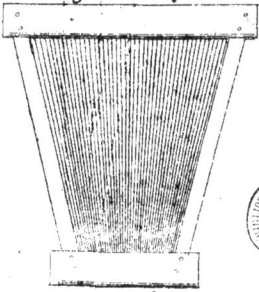

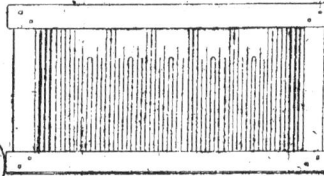

PEIGNE.

Machine à fabriquer les peignes.

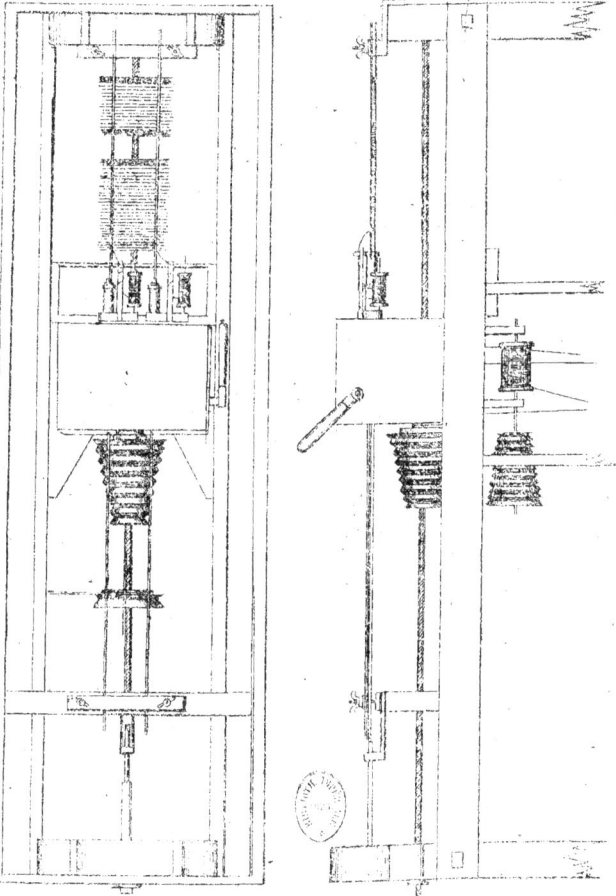

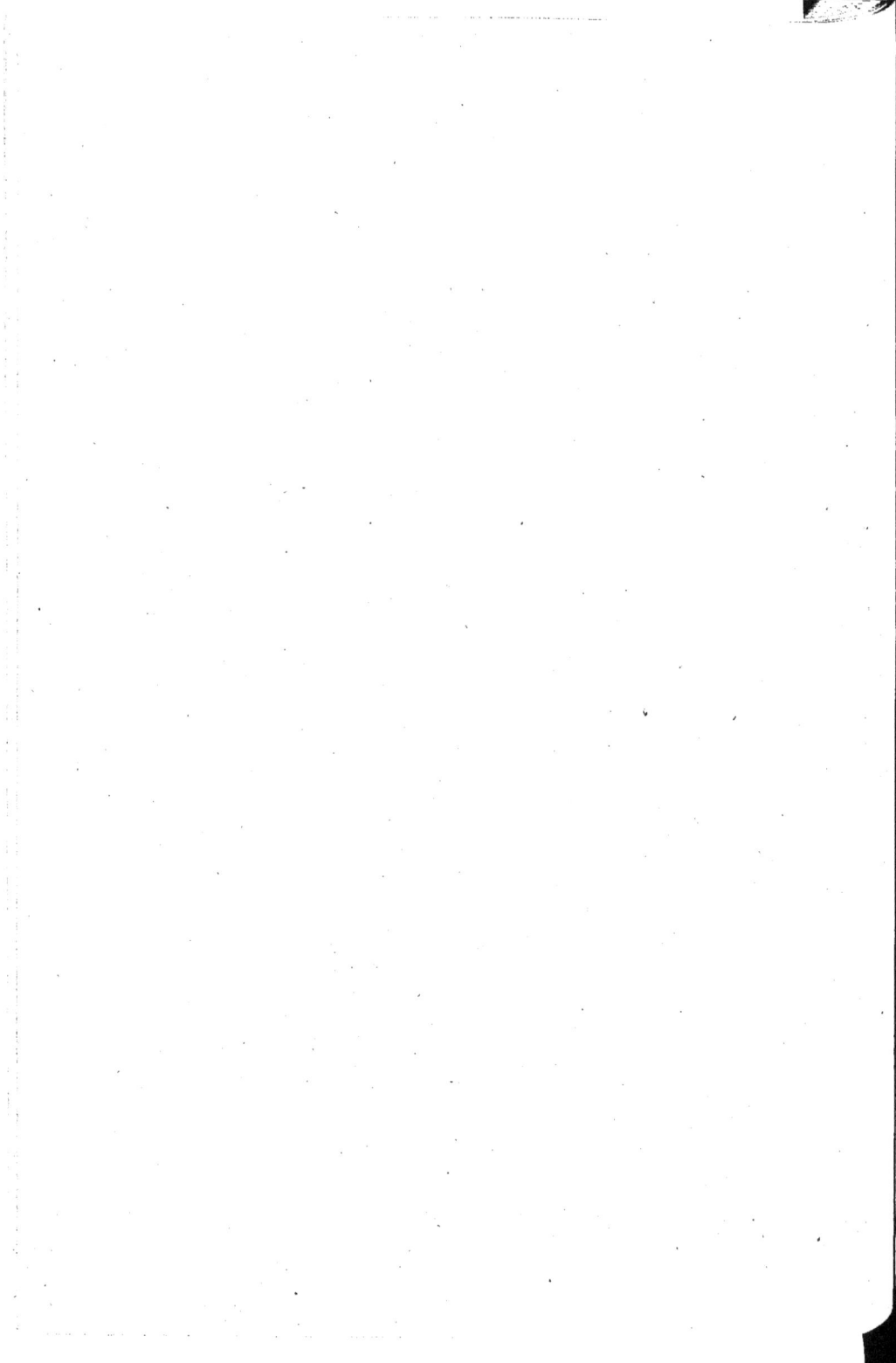

VELOURS DOUBLE PIÈCES, 2 COULEURS.

Mrs CHARLIER, DABER & RÉMY,

Fabricants de Velours soie,

À COLOGNE (PRUSSE-RHÉNANE)

Brevet d'invention le 23 7bre 1808.

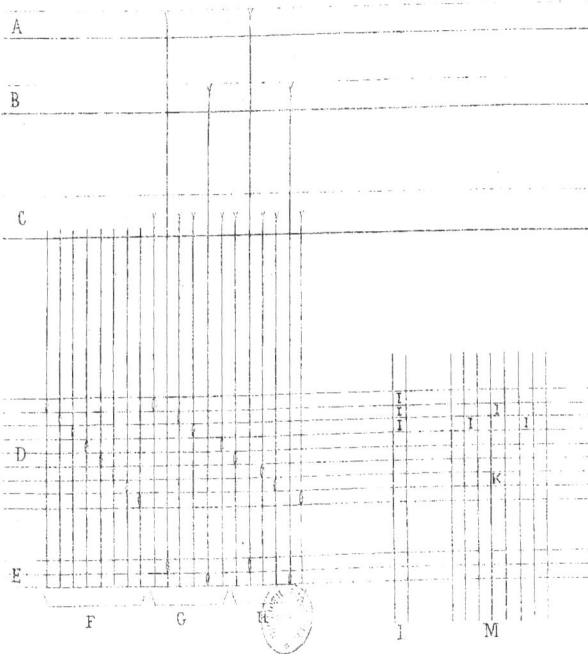

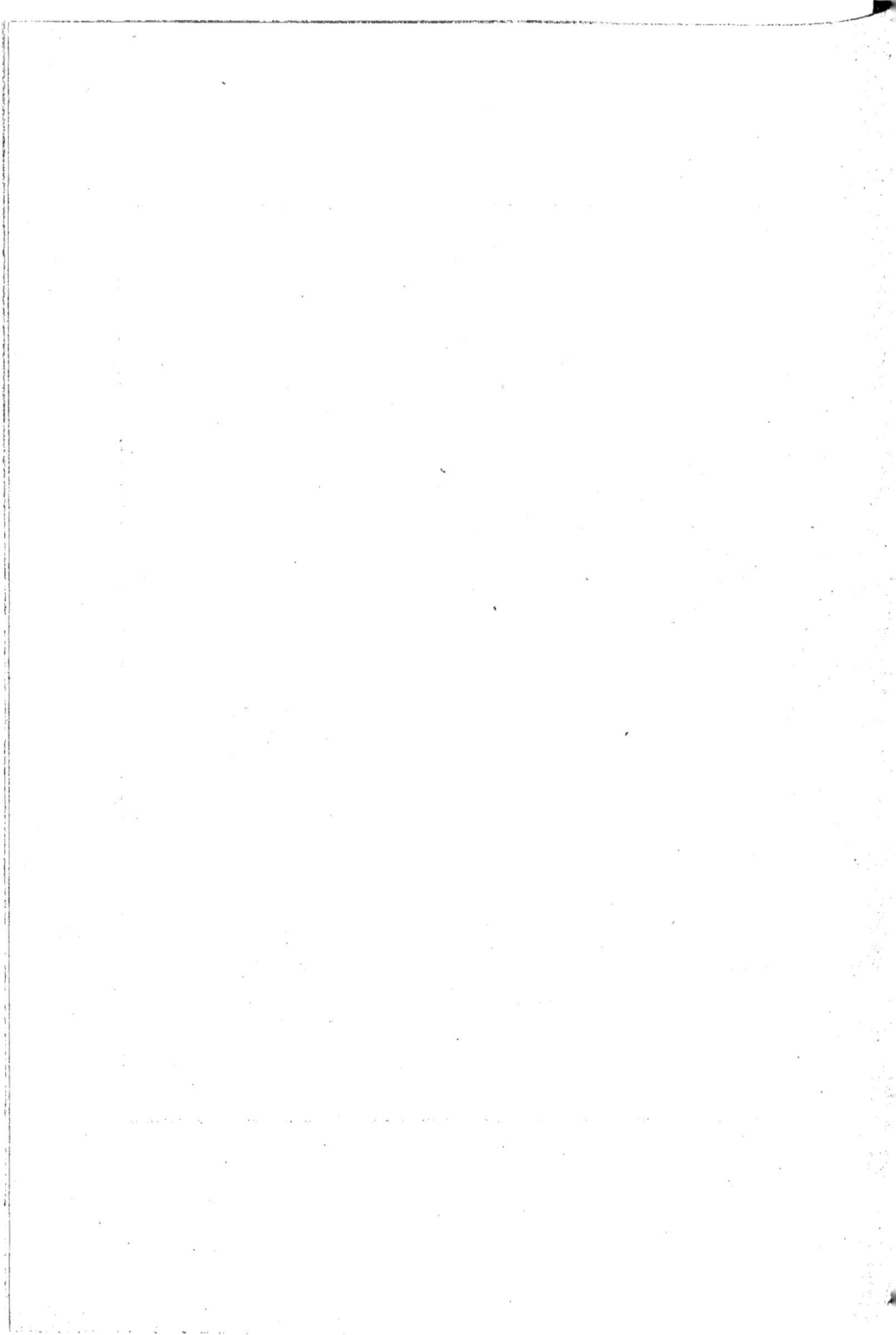

ARMURES VELOURS ET PELUCHES

537

550

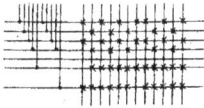
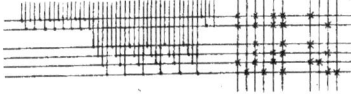

550 bis   551   553

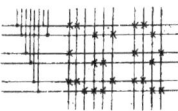
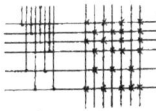
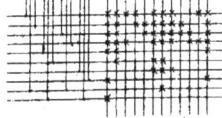

587   588

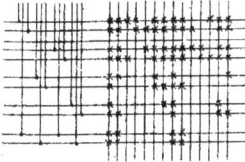
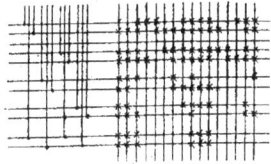

592   592 bis.

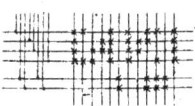
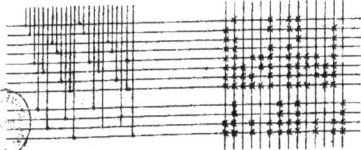

A.Lorrain del. et sculp.   *Lyon. Imp. Jacquet et Vettard.*

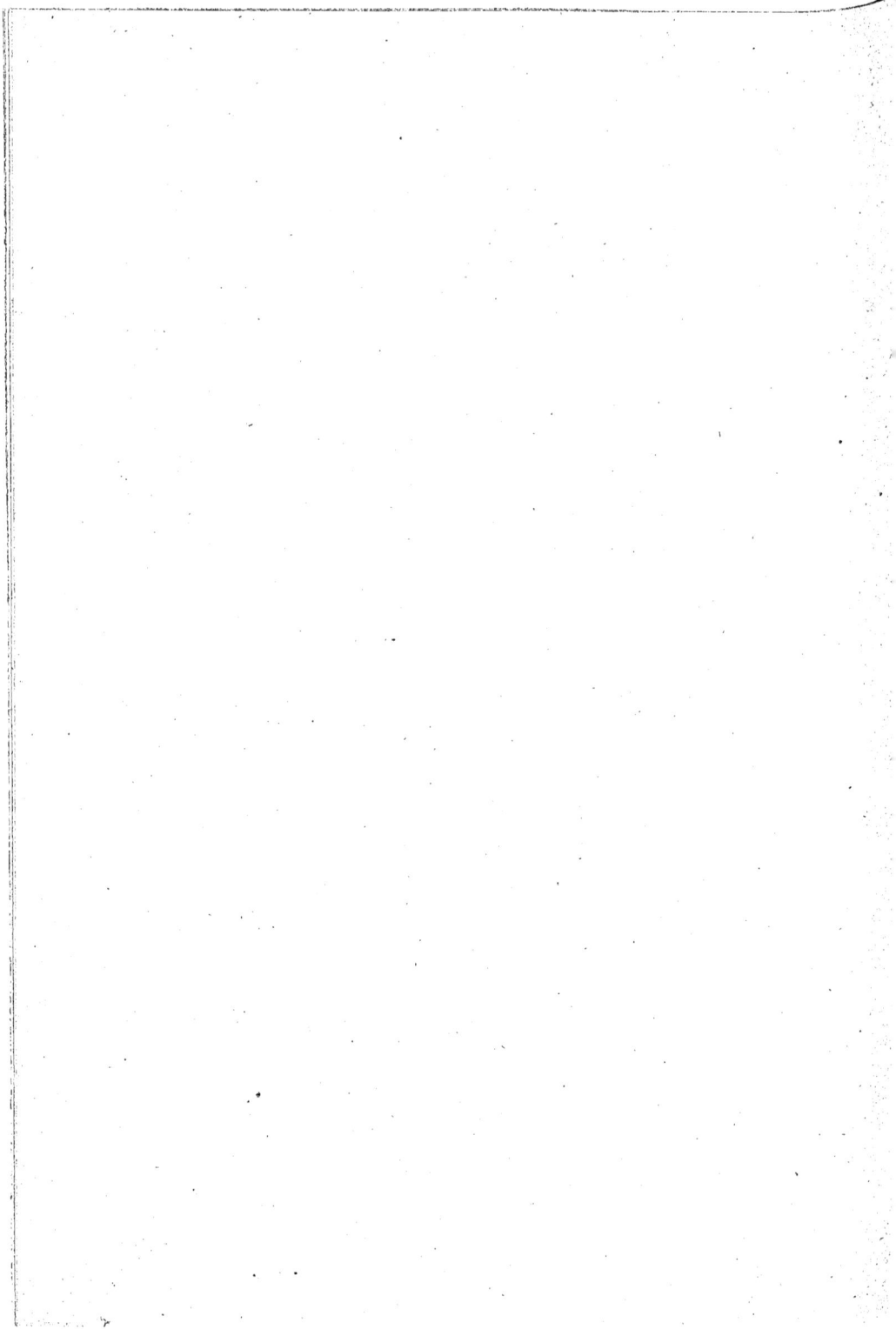

VELOURS.

Battant brisé du métier de velours.

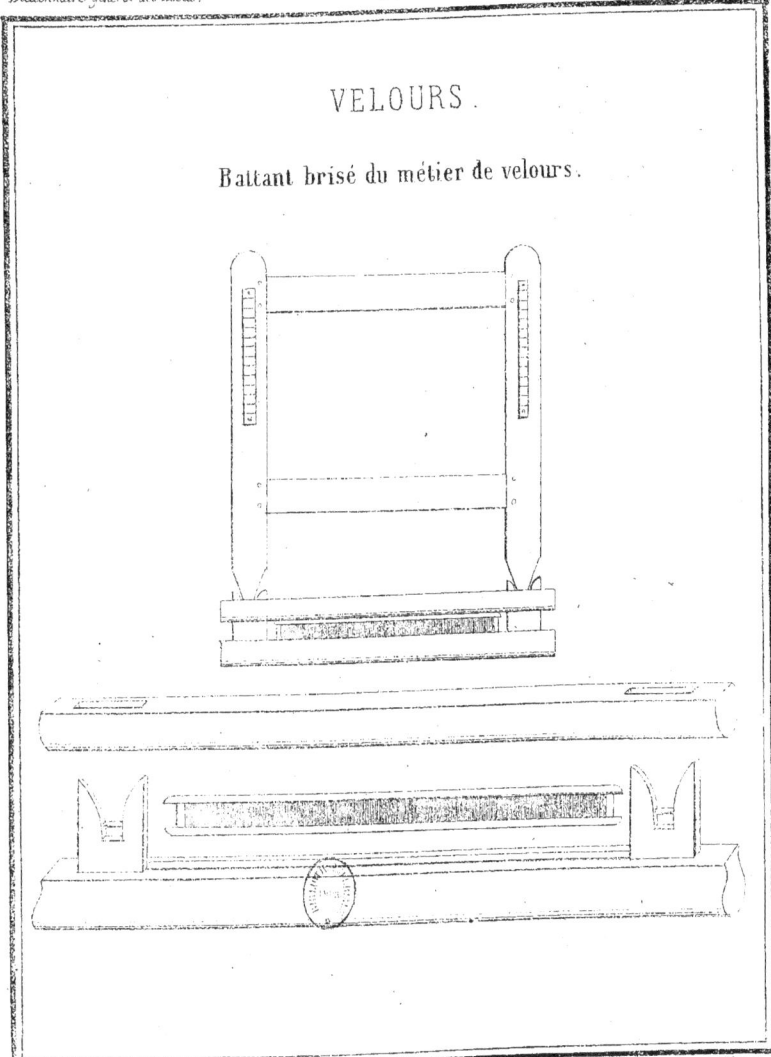

Lyon imp. Jacquet et Veillard

Larrain del et sculp

VELOURS.

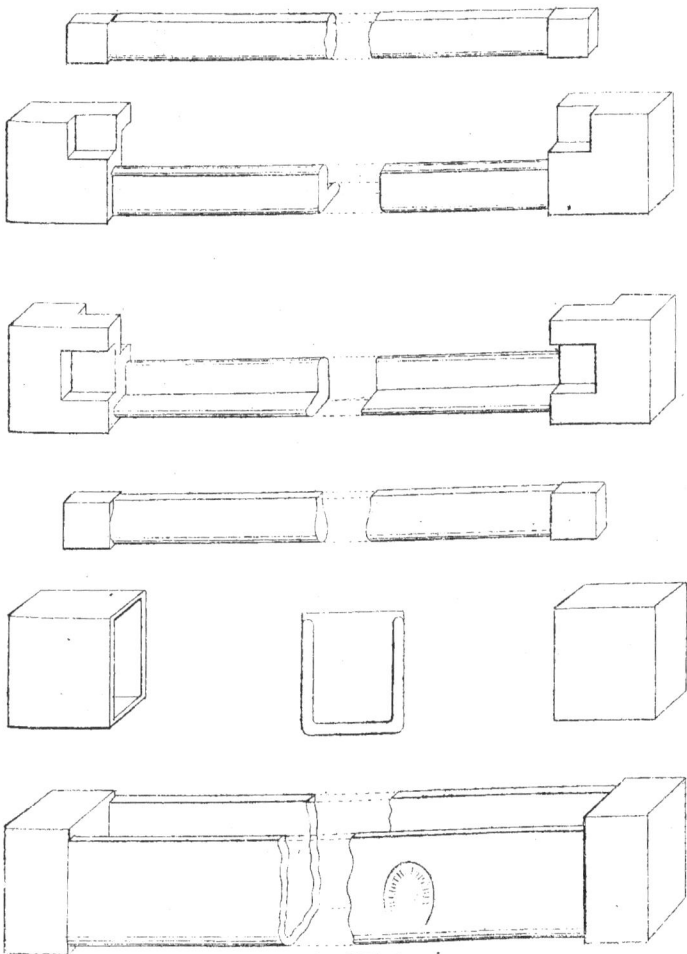

Construction de l'Entacage.

VELOURS.

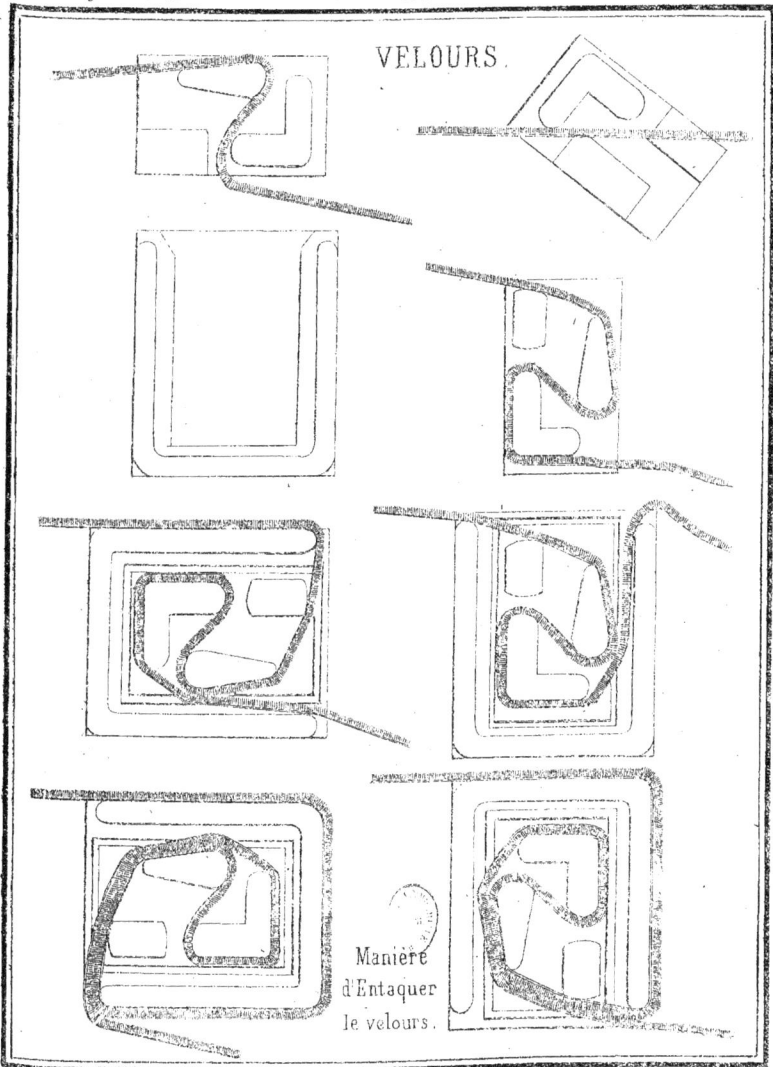

Manière
d'Entaquer
le velours.

VELOURS.

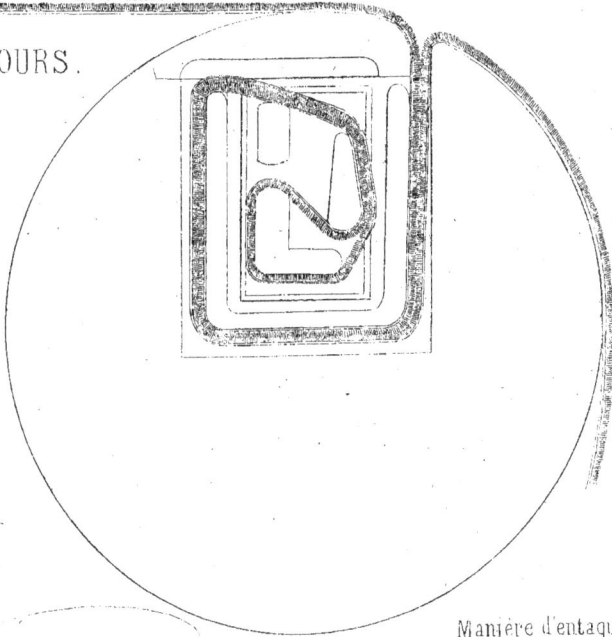

Manière d'entaquer
le velours.

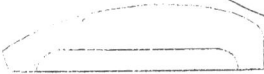

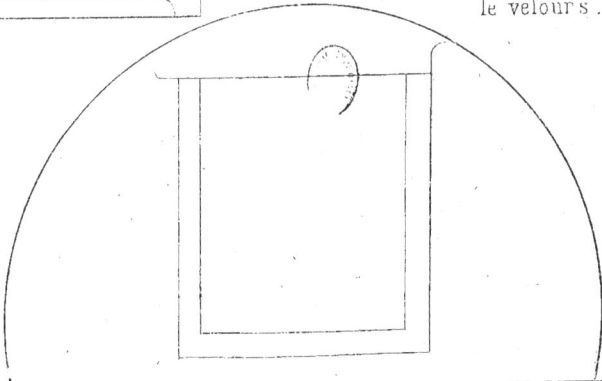

A.errain del et sculp.   Lyon Imp Jacquet & Vellard

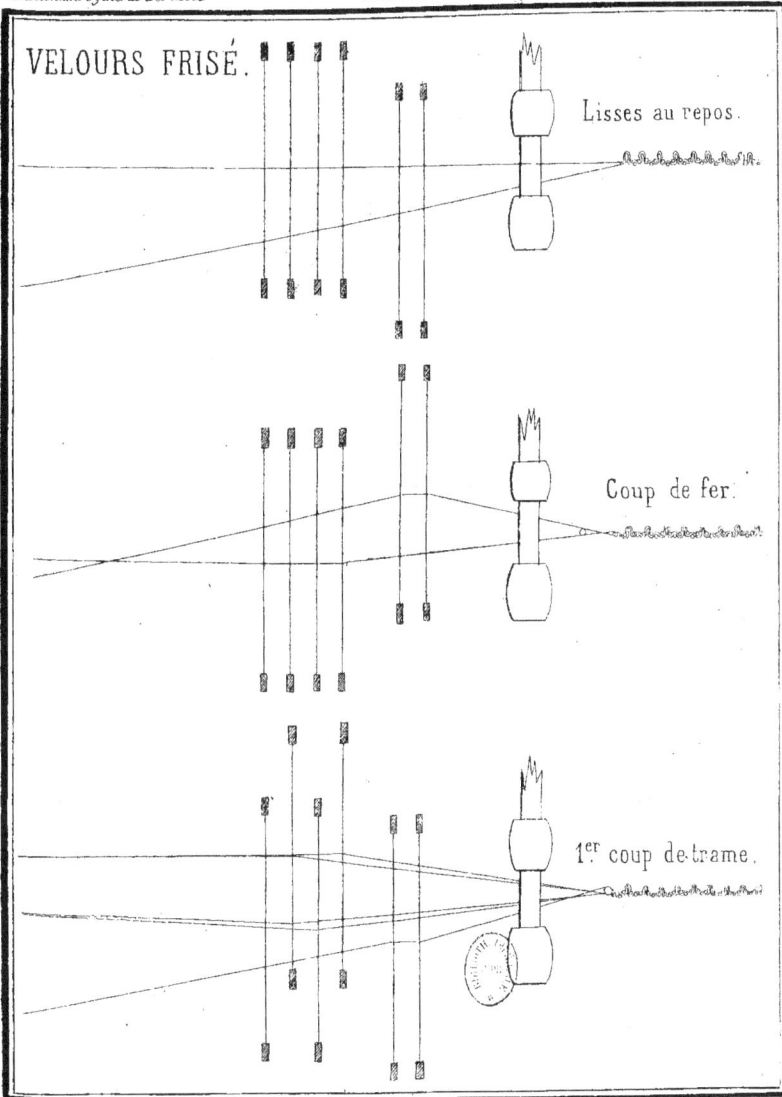

VELOURS FRISÉ.

Lisses au repos.

Coup de fer.

1er coup de trame.

·VELOURS FRISÉ·

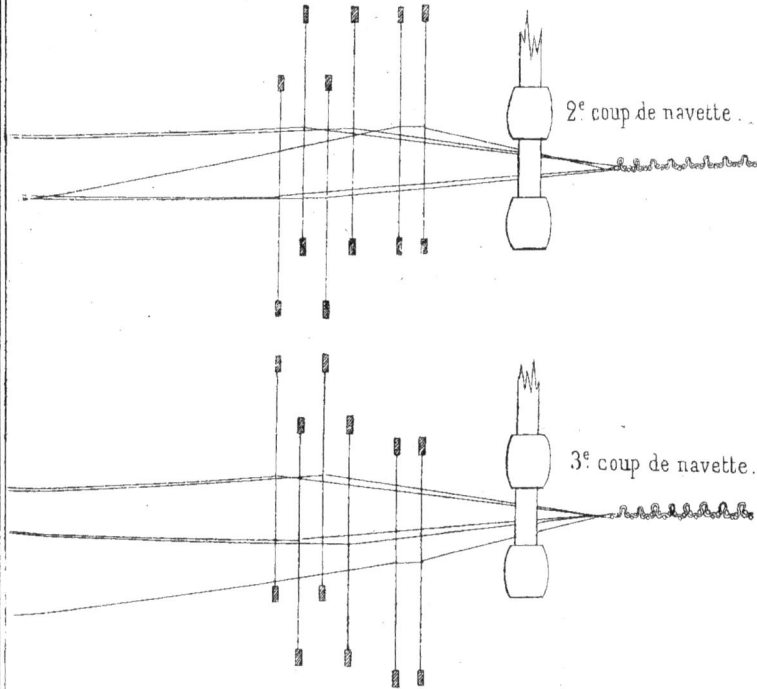

2ᵉ coup de navette.

3ᵉ coup de navette.

Fer de frisé garni de sa pedonne.

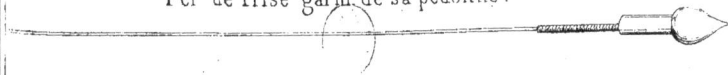

Fer à crochet pour arracher le fer.

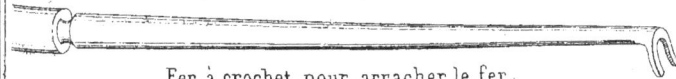

A. orrain del et sculp.   Lyon, Imp. Jacquet et Vellard.

Lisses de poil

Lisses de pièce
1 2 3 4 5 6

VELOURS

Coup de fer.

1er Coup de navette.

2me Coup de navette.

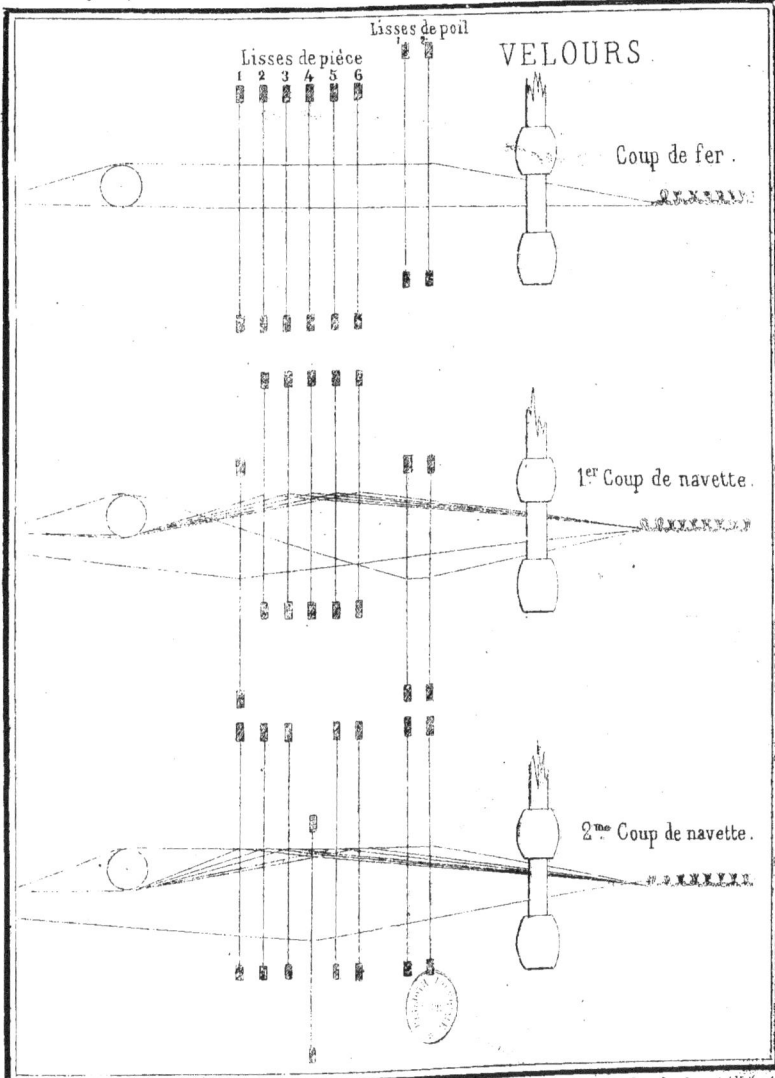

A.Lorrain del. et sculp.   Lyon, Imp. Jacquet et Vellard.

VELOURS.

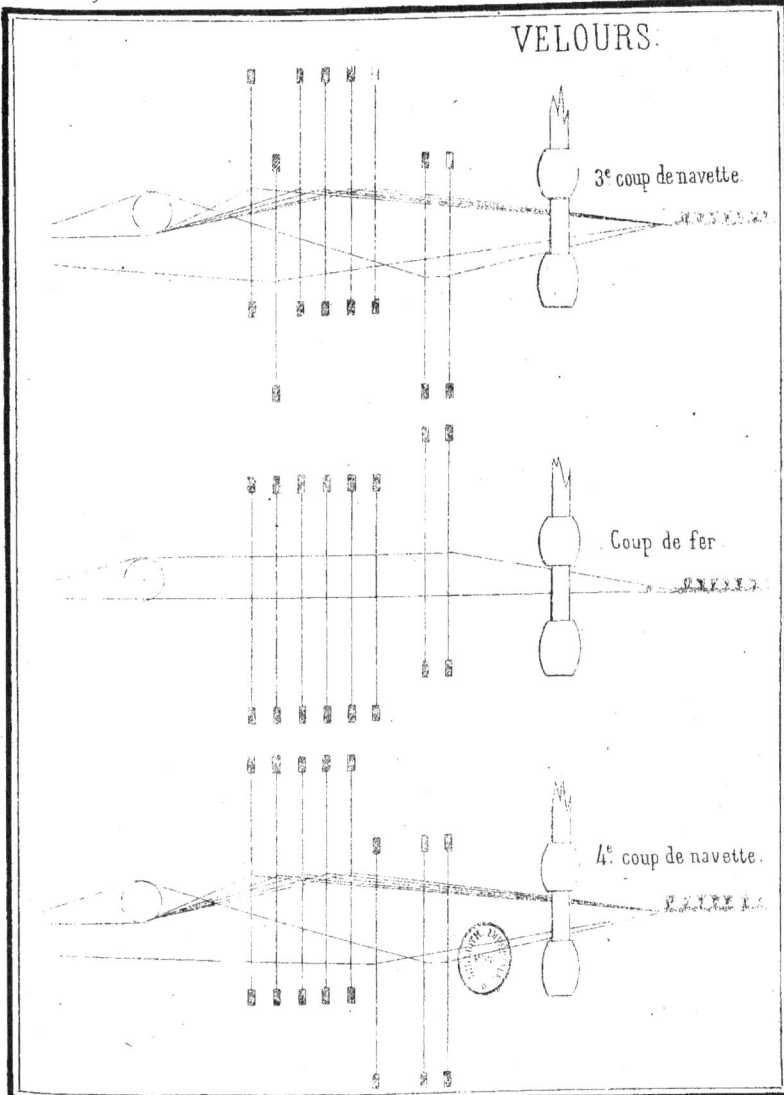

3ᵉ coup de navette.

Coup de fer.

4ᵉ coup de navette.

Lorrain del. et sculp.   *Lyon. Imp. Jacquet et Vellard.*

VELOURS.

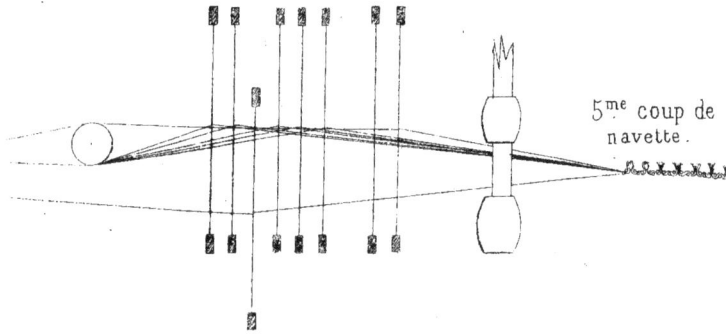

5me coup de
navette.

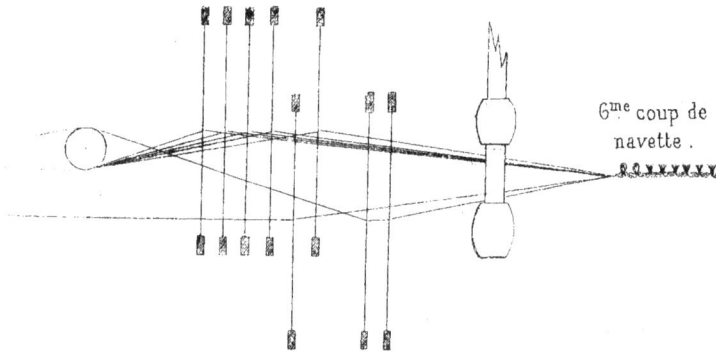

6me coup de
navette.

Profil du velours frisé

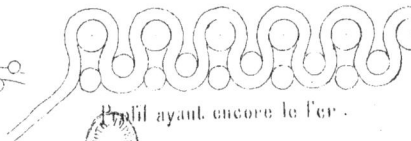

Profil ayant encore le fer.

Profil ayant encore le fer.

Profil du velours coupé

ARMURES VELOURS.

856
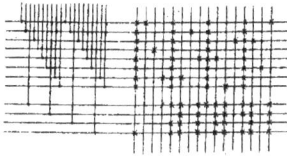

857
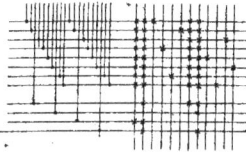

859
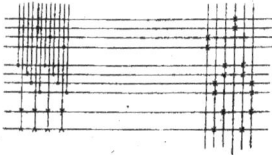

862
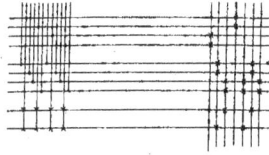

860
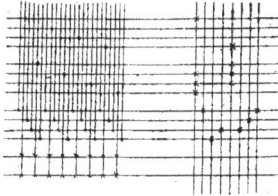

861
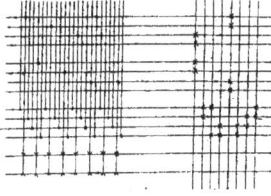

858
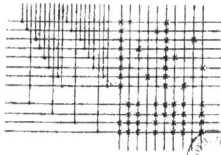

863
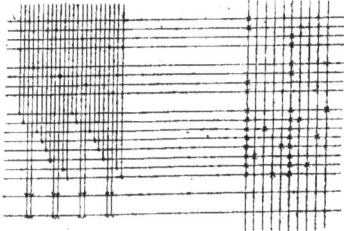

A. orrain del et sculp.   *Lyon, Imp. Jacquet et Vittard.*

ARMURES VELOURS.

864

865

866

867
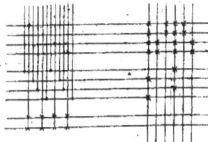

868
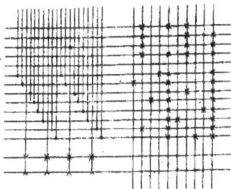

869
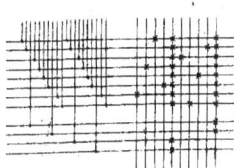

903
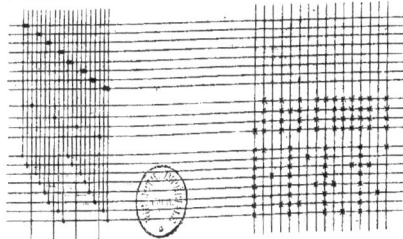

A.orrain del et sculp.   *Lyon. Imp. Jacquet et Vettard.*

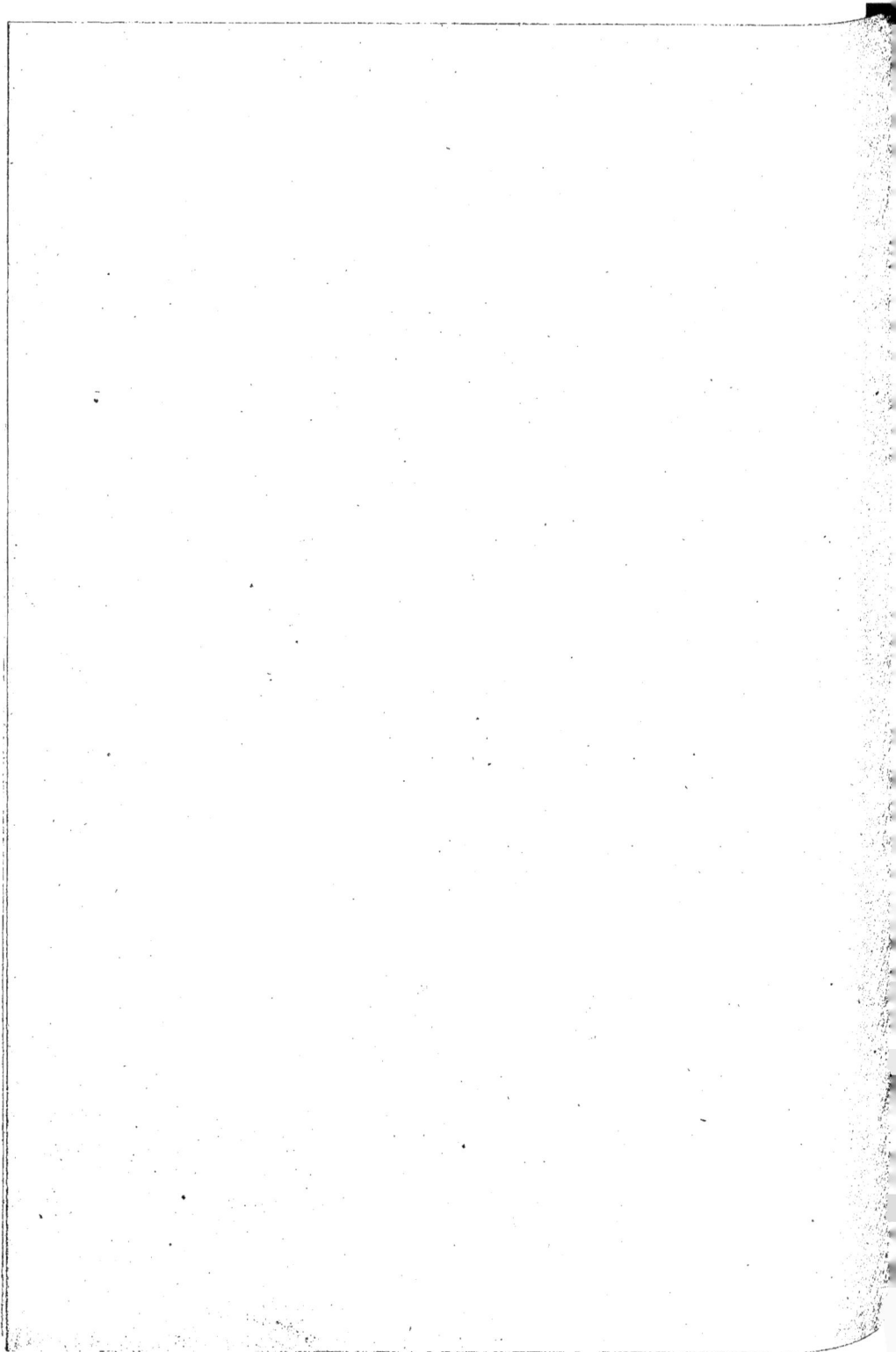

MOIRE ANTIQUE. Pliage de l'Etoffe.

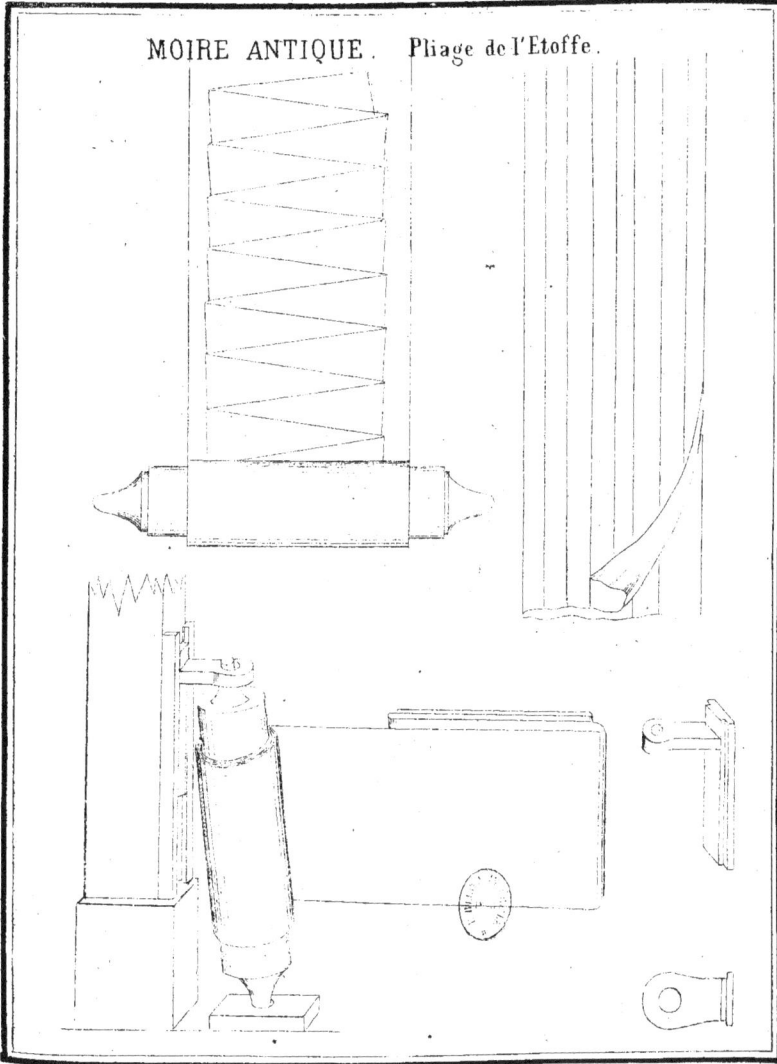

A.vrrain del et sculp. Lyon Imp. Jacquet e Tellard.

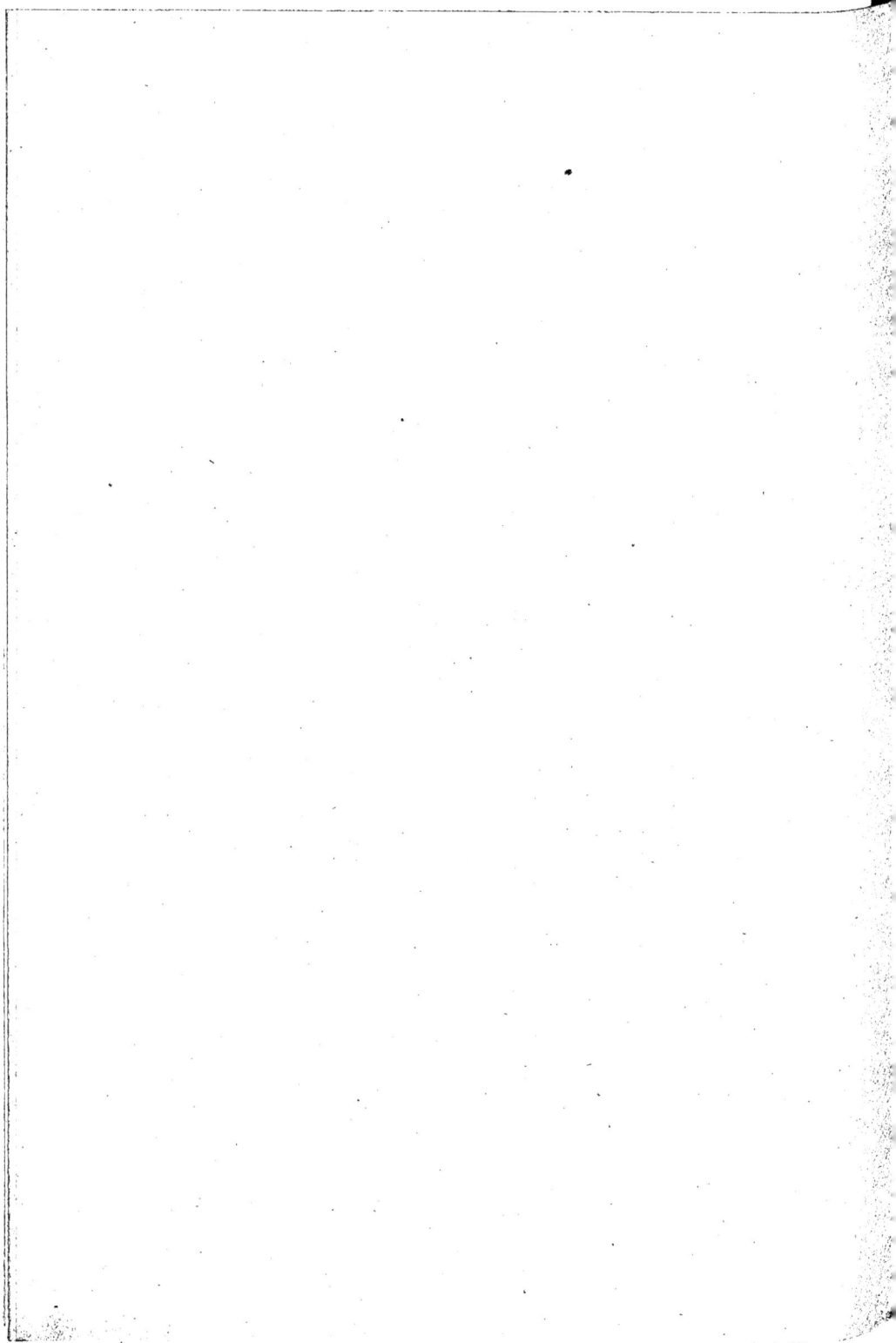

MOIRE ANTIQUE (Calandre)

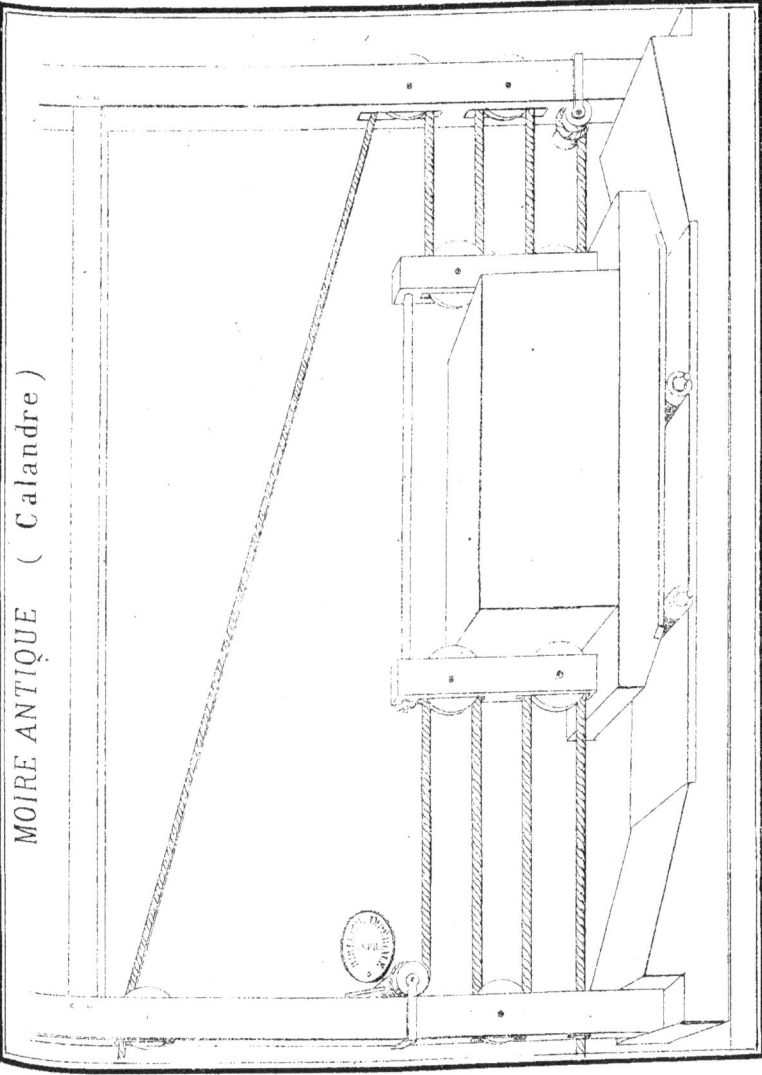

Aurran del et sculp.

Lyon Imp. Jacquet et Vedard.

BEZON.

Dictionnaire général des tissus.

MOIRE ANTIQUE.

Presse hydraulique pour remplacer la calandre.

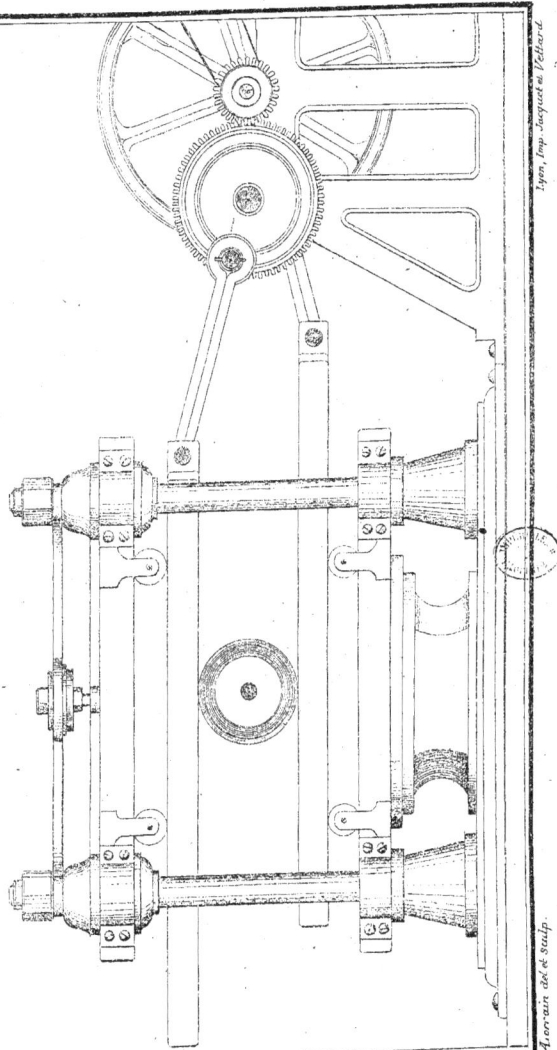

Lyon, Imp. Jacquet et Pellard.

Aworain del et Sculp.

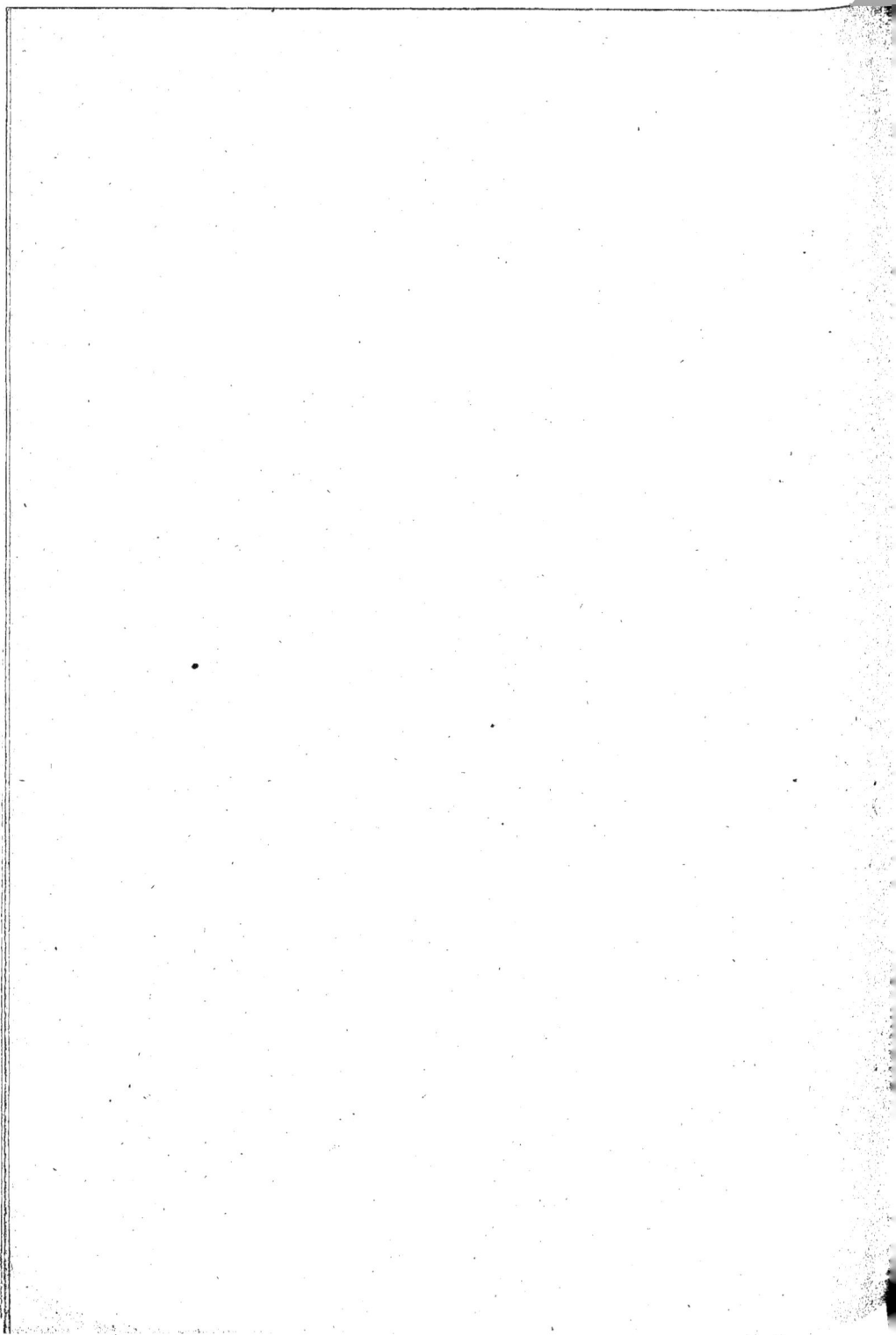

Dictionnaire général des tissus

Planche 87 bis.

PRESSE HYDRAULIQUE
pour remplacer la Calandre.
de GIROUD D'ARGOUD.

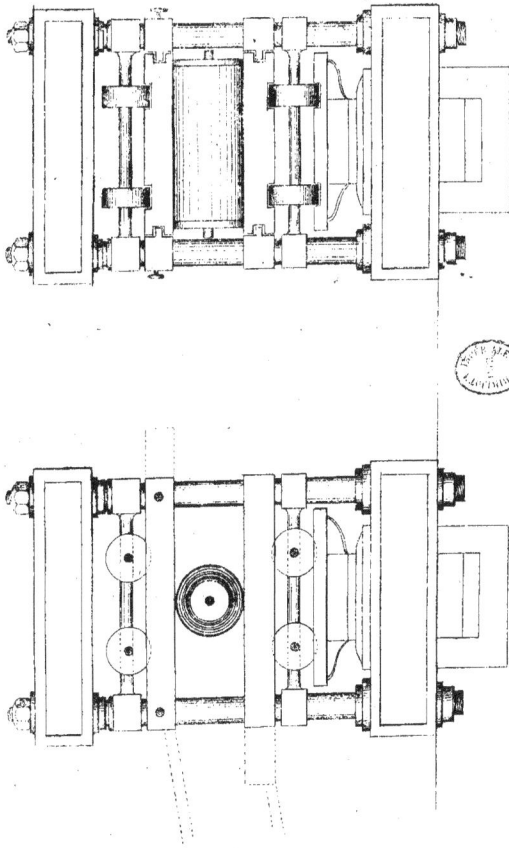

Averrain del. et sculp.

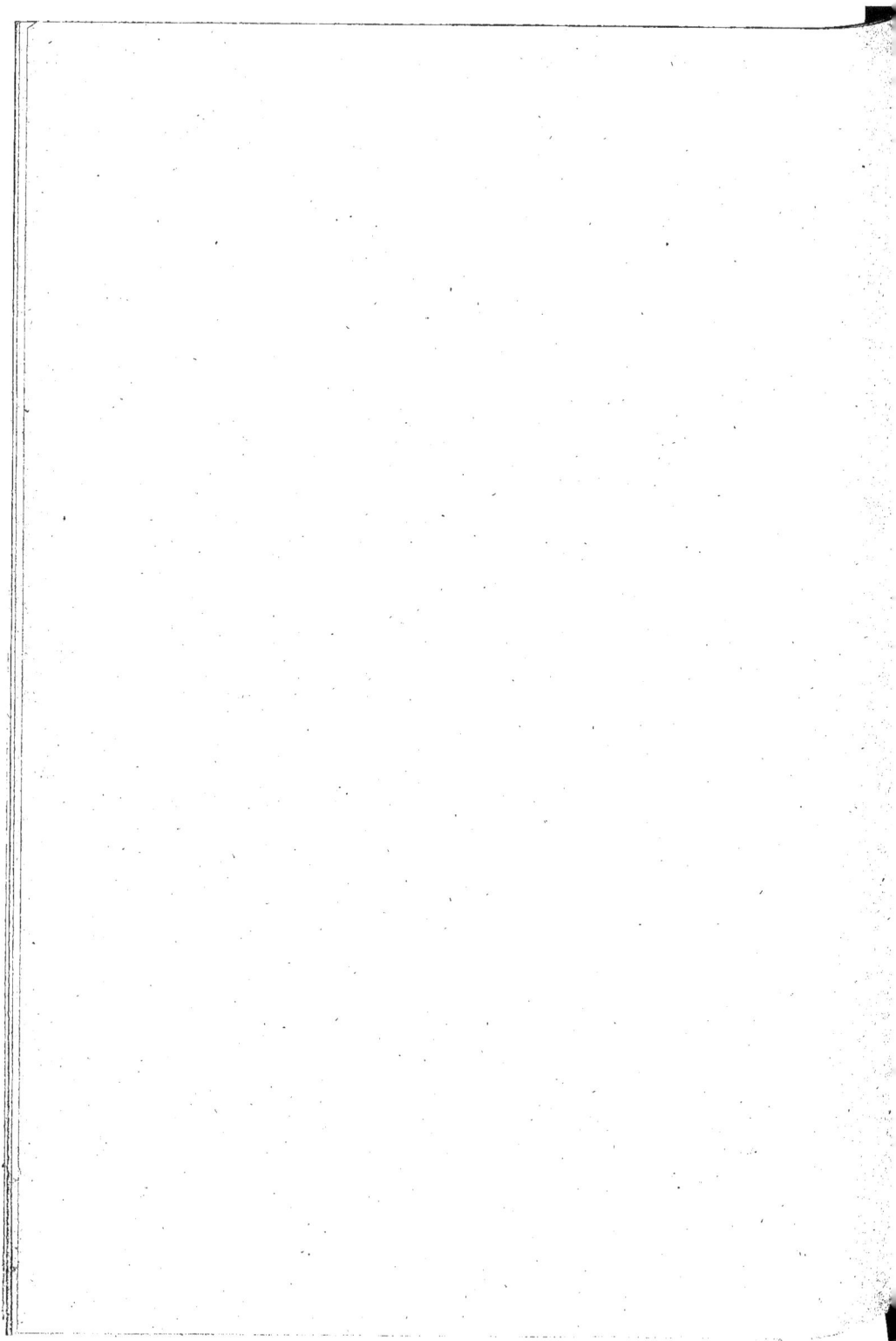

VELOURS

Fer de velours coupé.

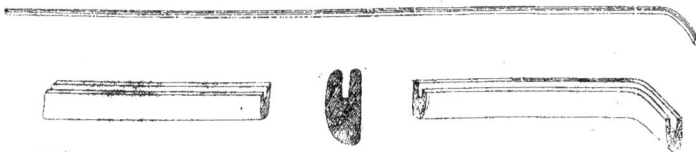

Rabot pour couper le velours.

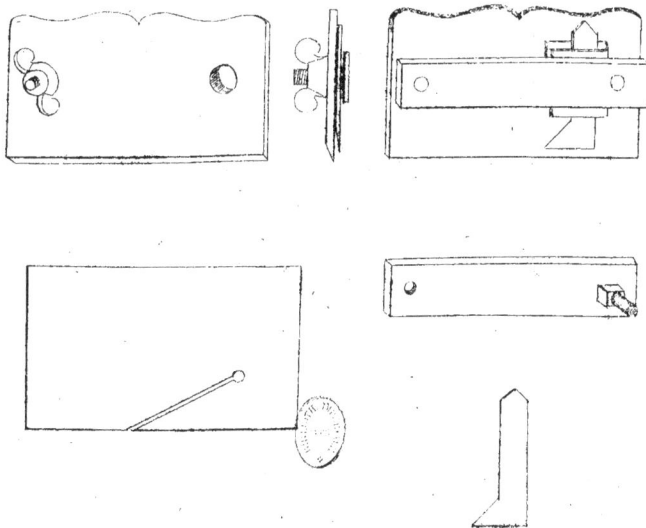

RASOIR POUR VELOURS. (St PAUL)

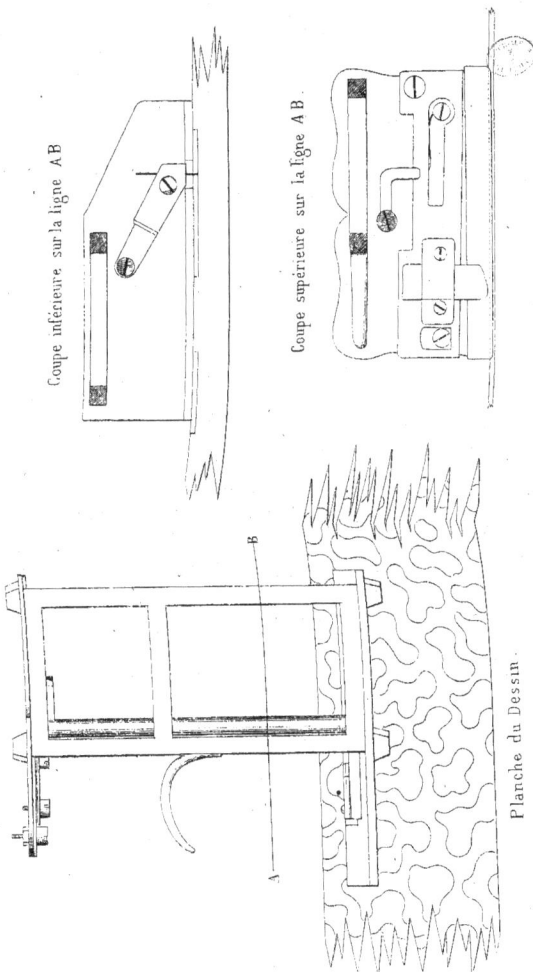

Coupe inférieure sur la ligne A B

Coupe supérieure sur la ligne A B

Planche du Dessin.

Amrain, del et sculp.

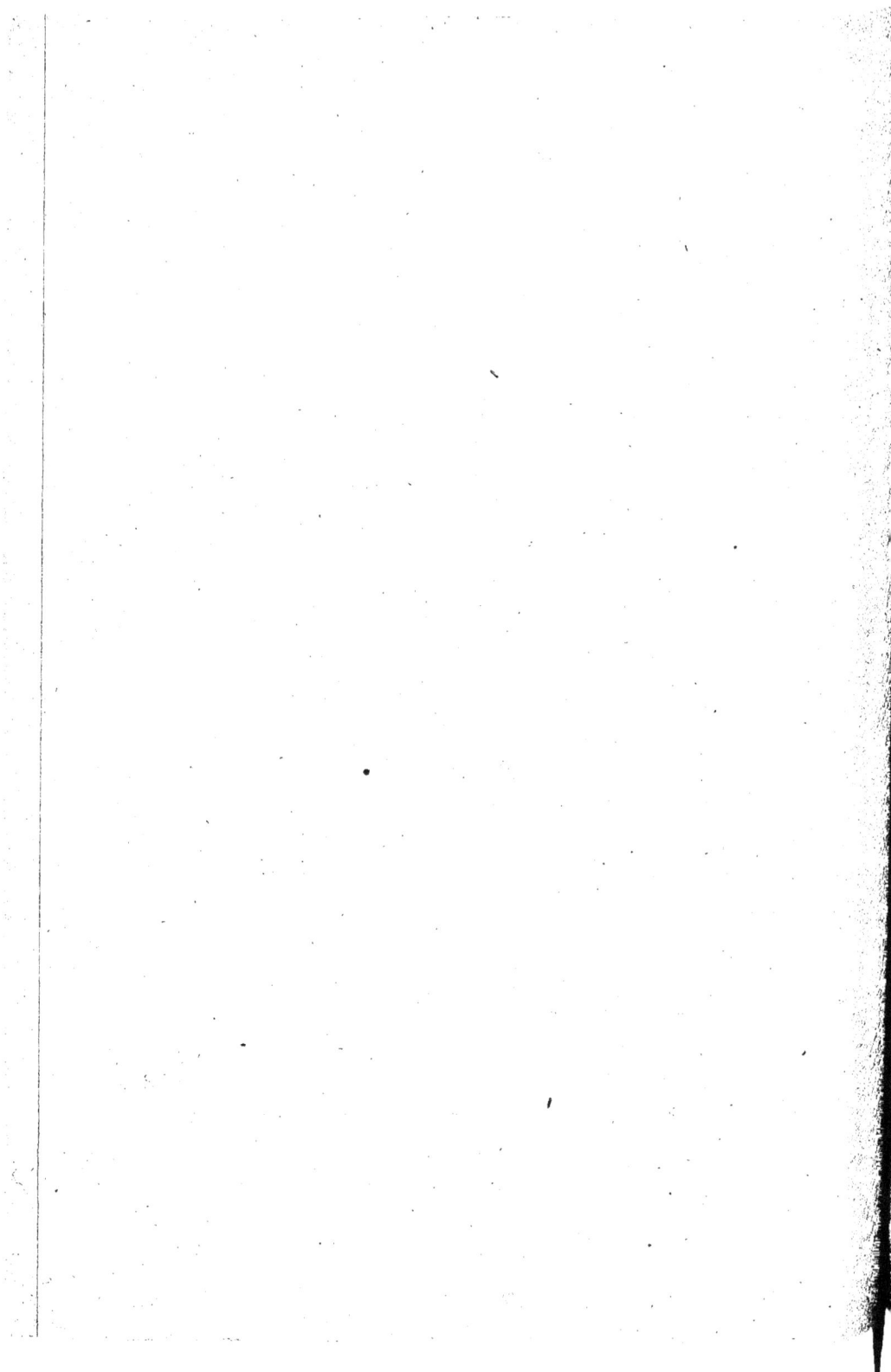

PITIOT GARIOT & Cie.

Métier pour la Fabrication de la Peluche.

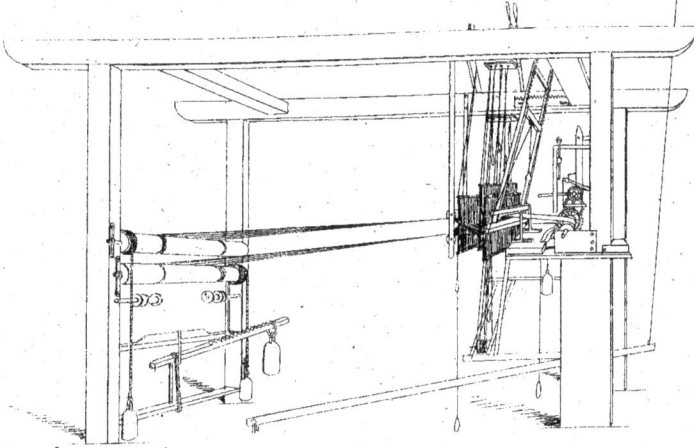

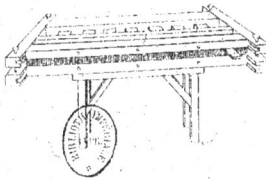
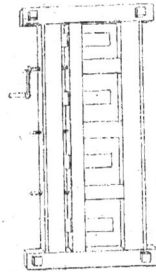

A. orrain del. et sculp.   Lyon. Imp. Jacquet et Villard.

Dictionnaire général des tissus

BEZON

MÉTIER POUR LA FABRICATION DES PELUCHES & VELOURS.

Par Mr PEYRE FILS.

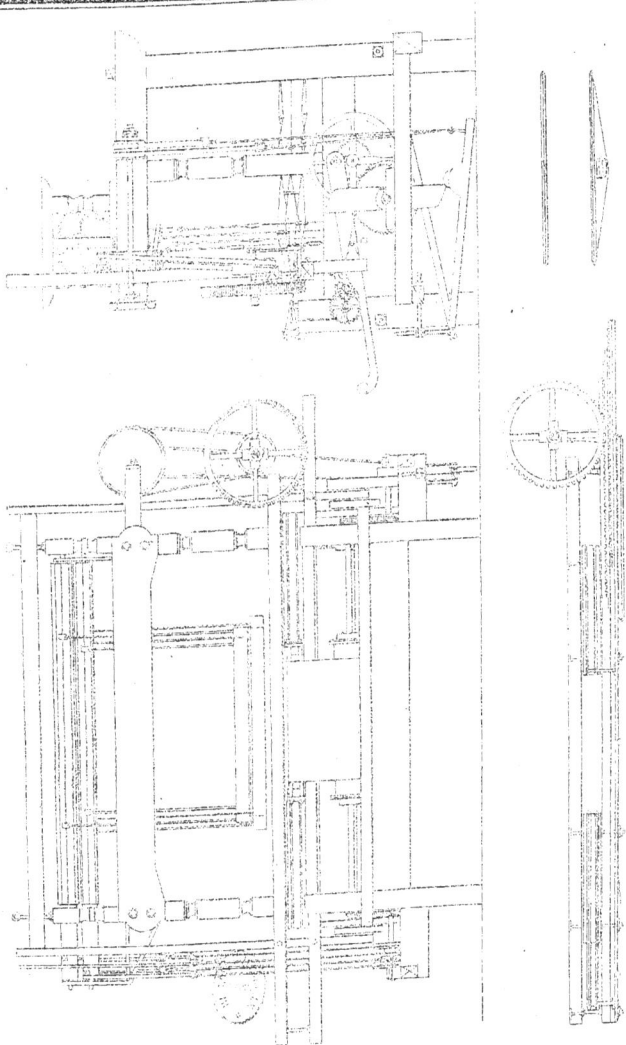

Aubrun del. et sculp.

Lyon, Imp. Josserand et Pelussat.

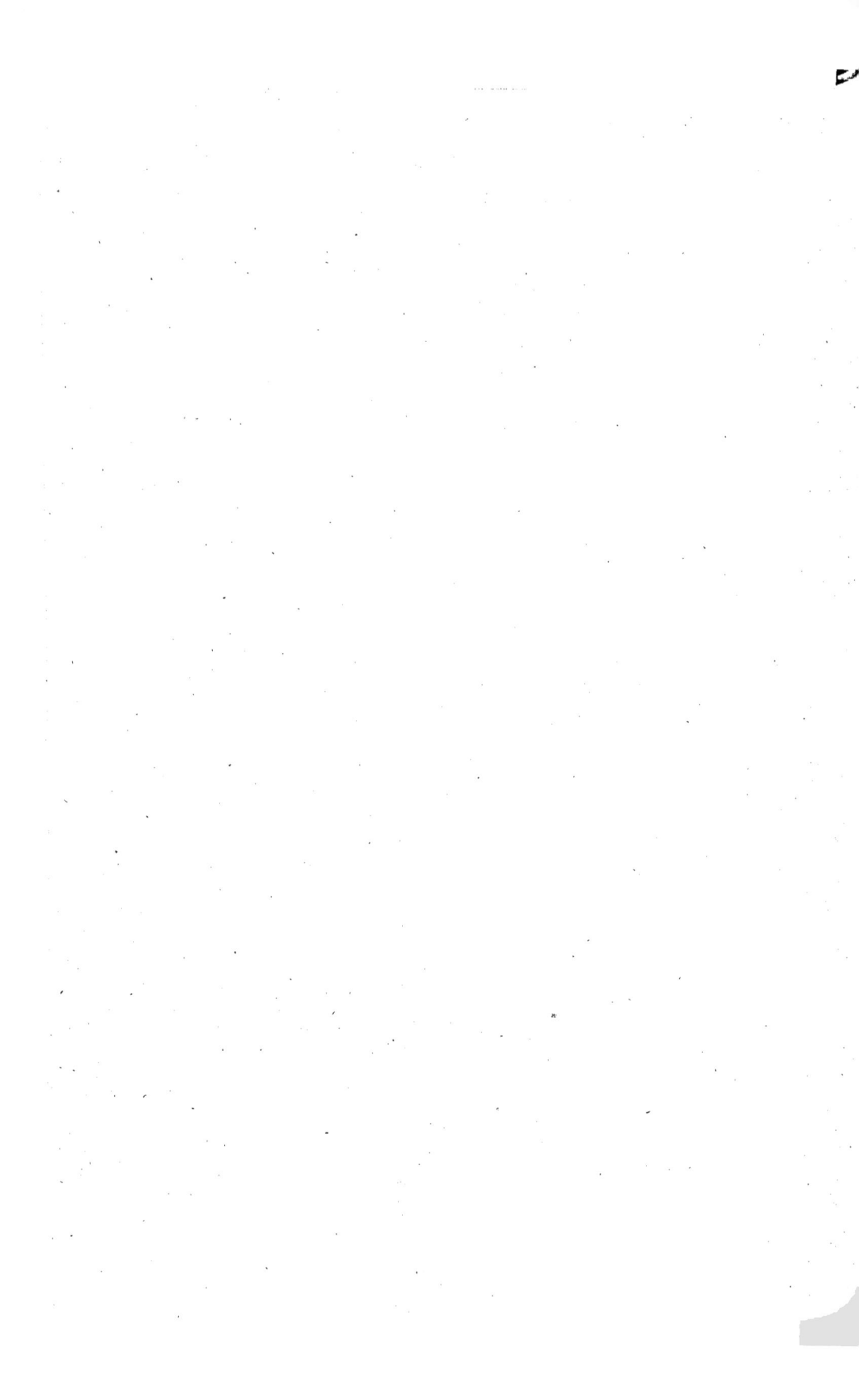

MÉTIER A RUBANS.

Par Mrs REVERCHON PÈRE & FILS.

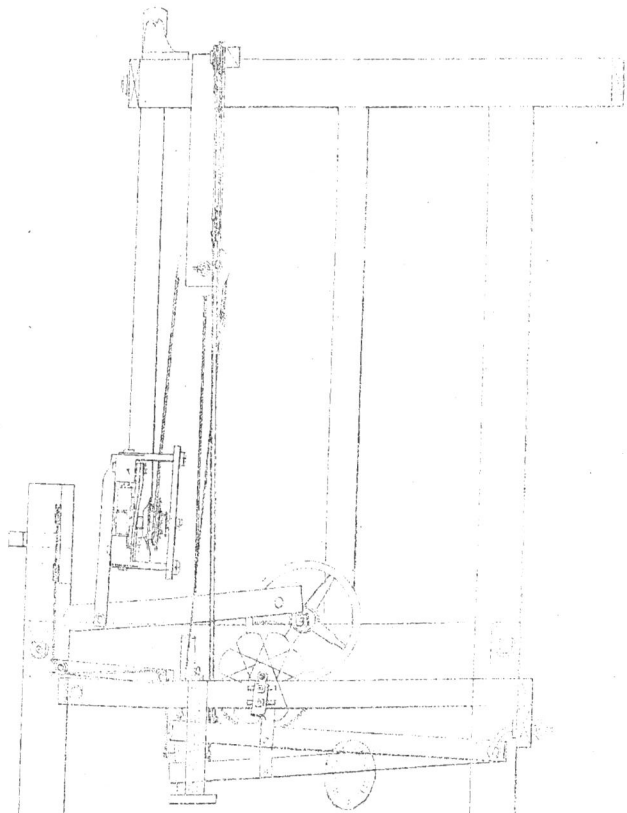

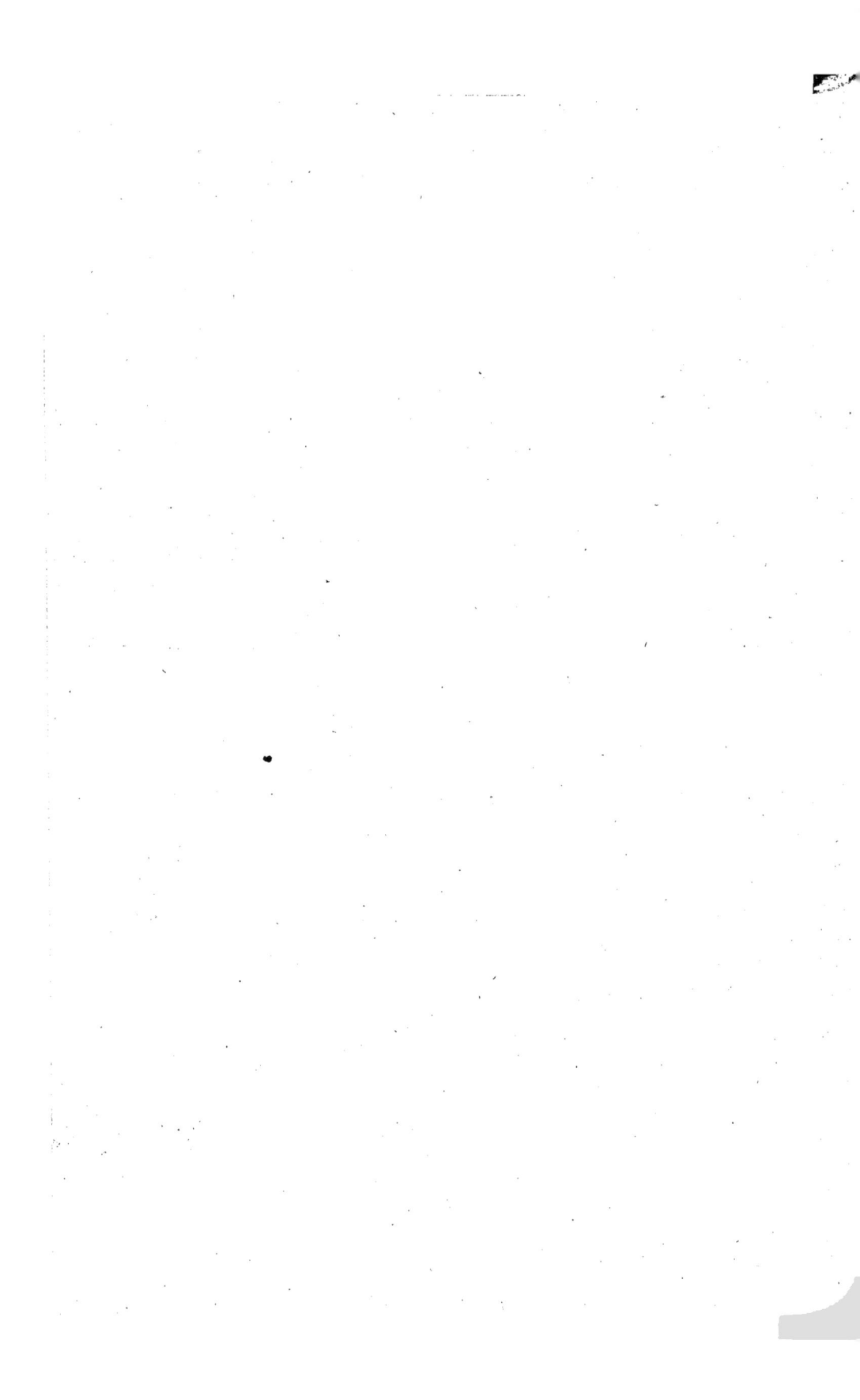

MÉTIER A FAIRE LE RUBAN BROCHÉ.

Par Mr REVERCHON FILS AÎNÉ.

fig. 2   fig. 1.

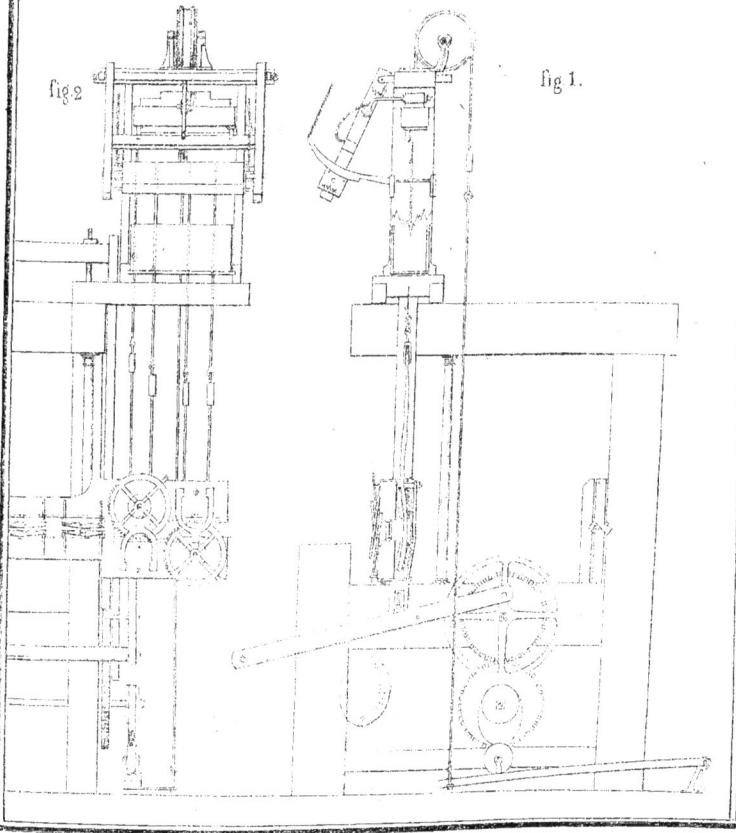

Lorrain del. et sculp.   Lyon, Imp. Jacquet et Vellard.

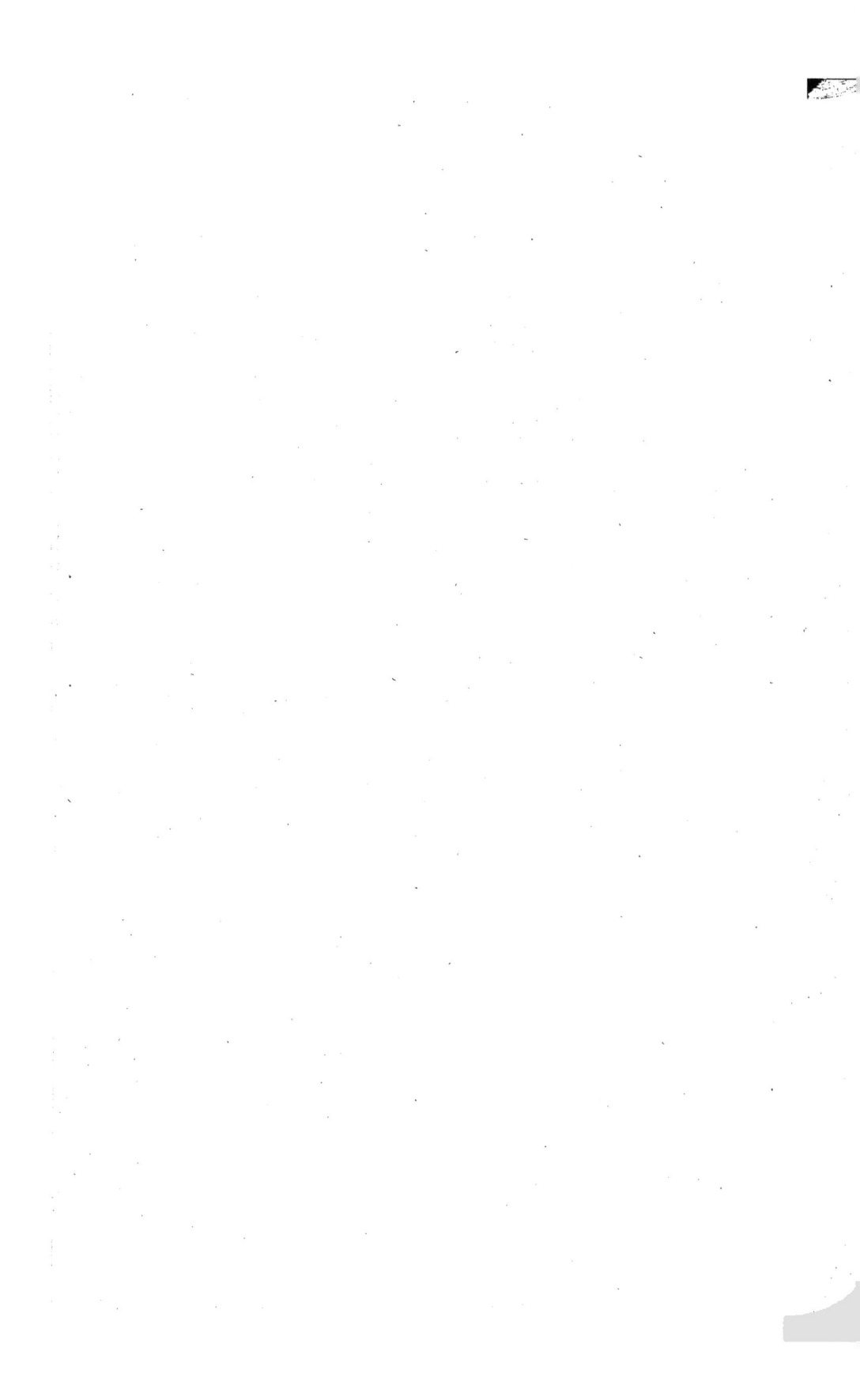

BEZON.

Dictionnaire général des tissus.

MOIRE.

Cylindres pour la Moire Française.

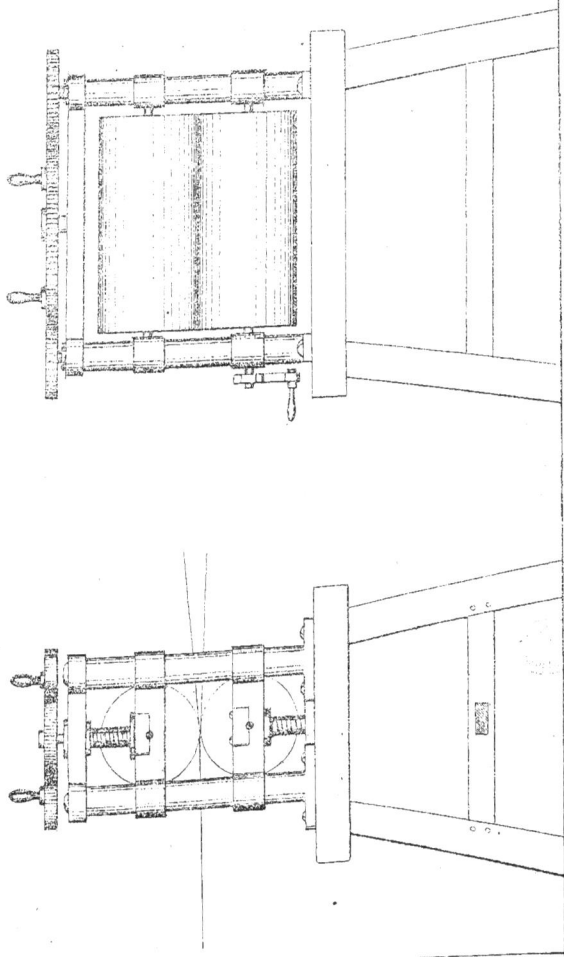

Lyon, Imp. Jacquet et Vallard.

A.carin del et sculp.

BATTANT - BROCHEUR GIRERD.

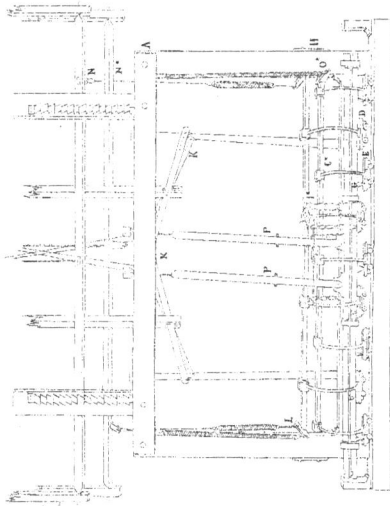

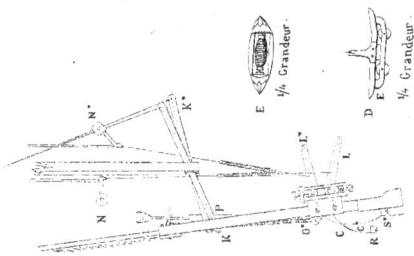

¼ Grandeur.

¼ Grandeur.

Échelle. metre

A   Corps du battant.
B B' Arbres pivots.
C C' Bras porte-navettes.
D D' Boîte à coulisse pour recevoir la navette.
E E' Navettes

F F' Conducteurs de la navette.
G G' Dents du conducteur.
H   Platines sur lesquelles reposent les arbres pivots.
I I' Ressorts pour fixer les poignées des conducteurs.

K K Batteries de rabat.
L L Leviers donnant le mouvement aux arbres pivots.
M   Guide du conducteur.
N N' Bascules du levier.
O O' Pièces d'arrêt.

P P' Poignées du conducteur.
R   Position de la navette le métier au repos.
S' Position de la navette le métier en travail.

N o t a .
Les lettres accompagnées de l'astérisque désignent les parties du métier en travail, les lettres simples celles au repos.

Lyon. Imp. Auguste et Perrin.

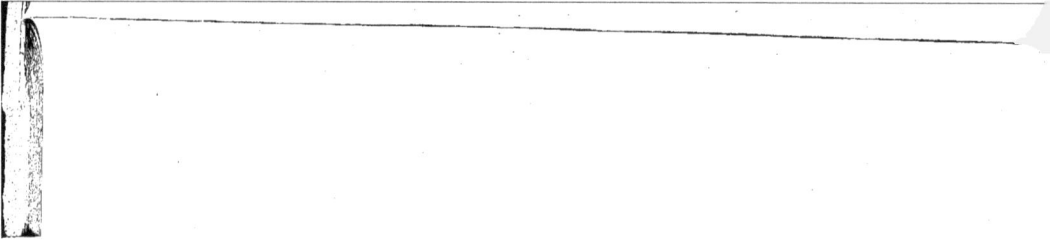

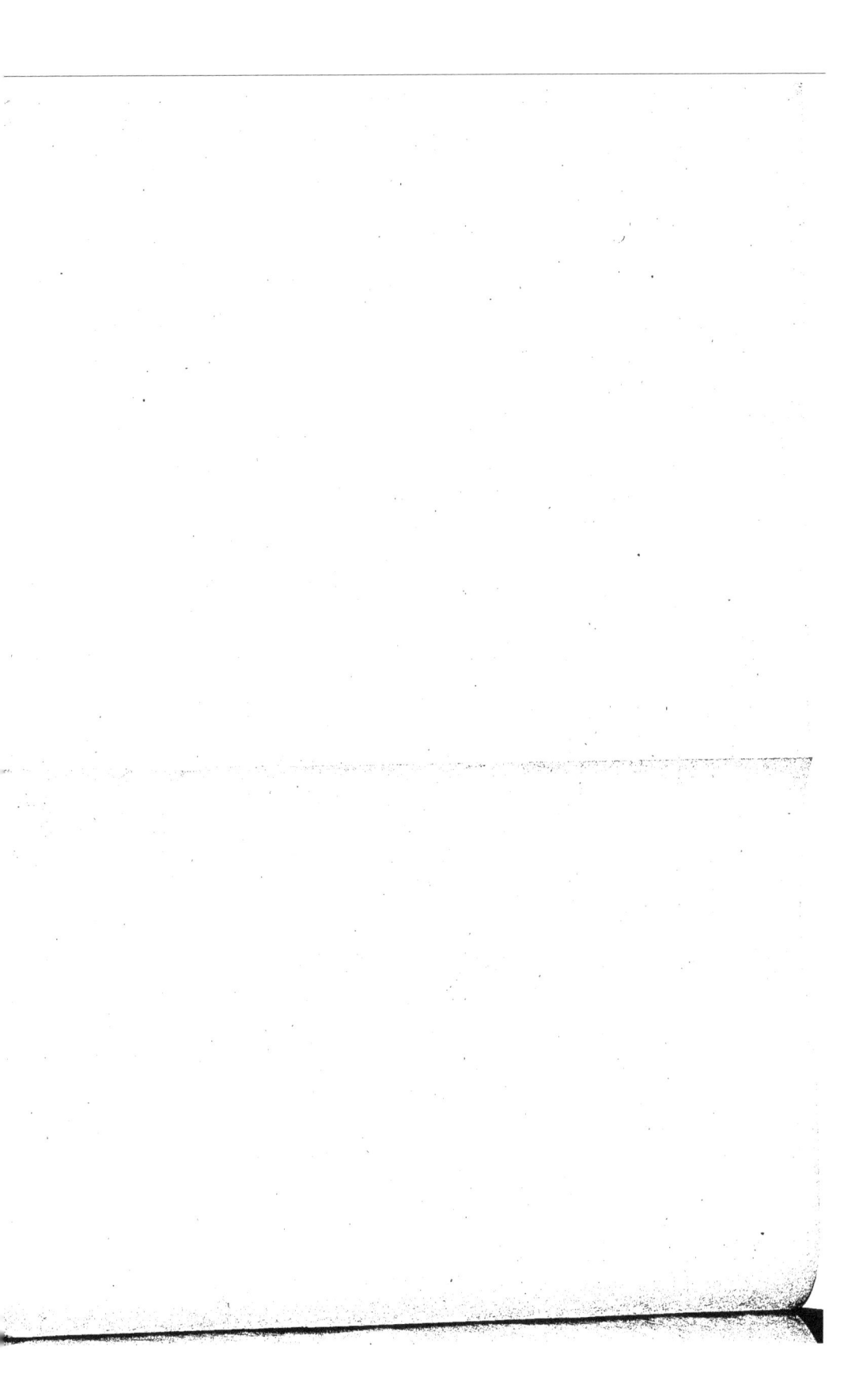

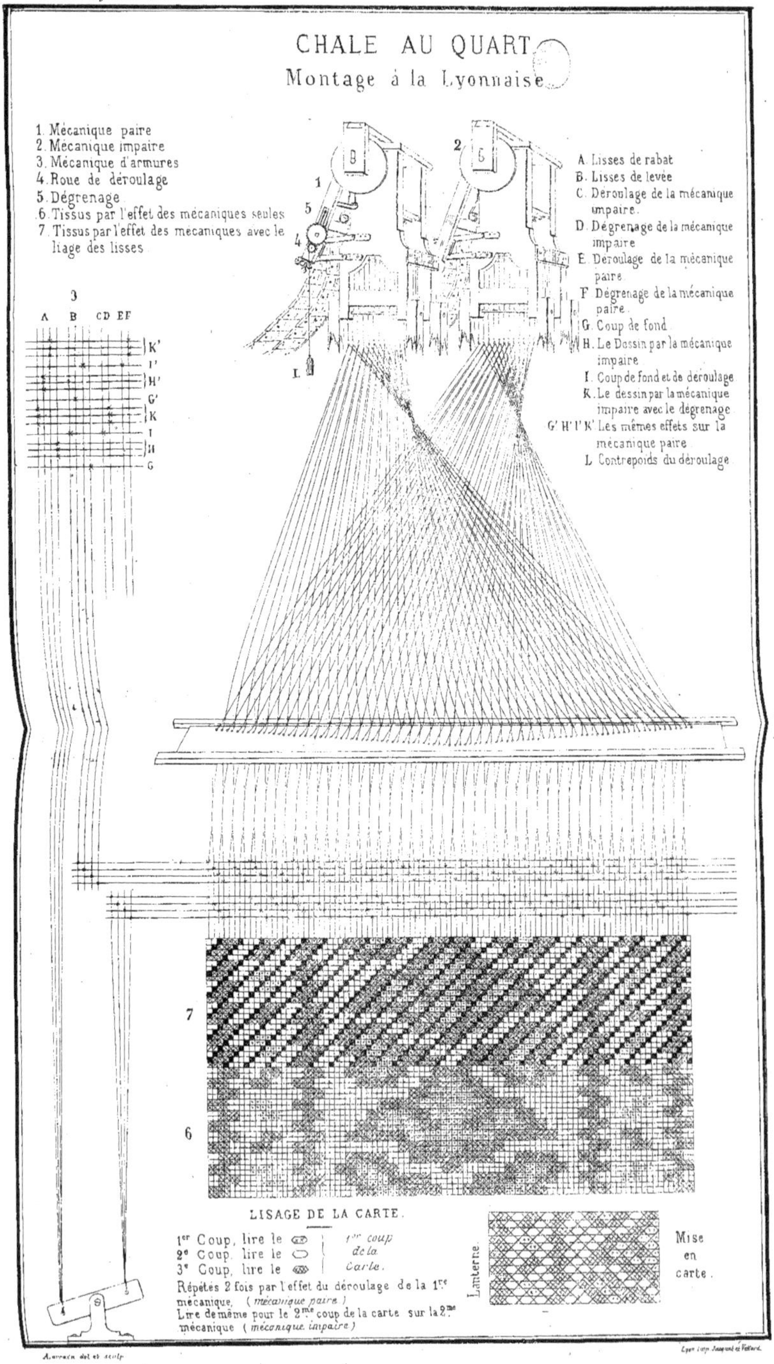
CHALE AU QUART
Montage à la Lyonnaise
1. Mécanique paire
2. Mécanique impaire
3. Mécanique d'armures
4. Roue de déroulage
5. Dégrenage
6. Tissus par l'effet des mécaniques seules
7. Tissus par l'effet des mécaniques avec le liage des lisses
A. Lisses de rabat
B. Lisses de levée
C. Déroulage de la mécanique impaire.
D. Dégrenage de la mécanique impaire
E. Déroulage de la mécanique paire
F. Dégrenage de la mécanique paire.
G. Coup de fond
H. Le Dessin par la mécanique impaire
I. Coup de fond et de déroulage
K. Le dessin par la mécanique impaire avec le dégrenage
G' H' I' K' Les mêmes effets sur la mécanique paire
L. Contrepoids du déroulage
3
A B CD EF
K' I' H' G' K I H G
7
6
LISAGE DE LA CARTE.
1er Coup, lire le
2e Coup, lire le
3e Coup, lire le
1er coup de la Carte.
Répétés 2 fois par l'effet du déroulage de la 1re mécanique, (mécanique paire)
Lire de même pour le 2me coup de la carte sur la 2me mécanique (mécanique impaire)
Lanterne.
Mise en carte.
Aurrain del et sculp
Lyon Imp. Jacquard et Vettard.

CHÂLE

au

QUART.

MONTAGE

à la

PARISIENNE.

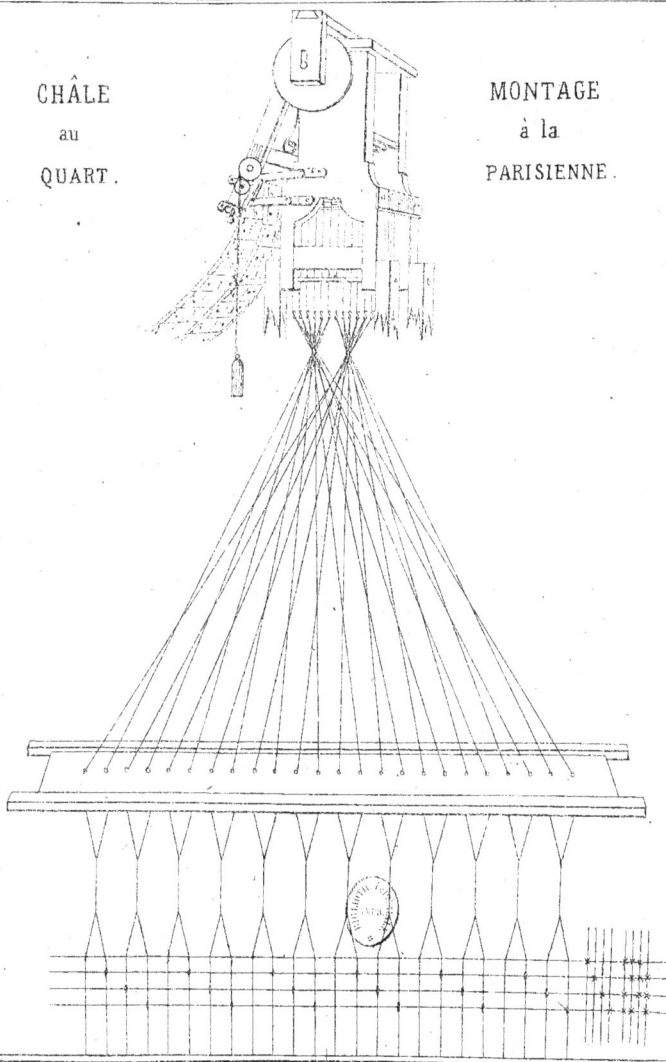

Lorrain del et sculp.

Lyon, Imp. Jacquard Vettard.

EMPOUTAGE à TRINGLES

M. MAISIAT PÈRE.

Empoutage
en un chemin.

Colleté suivi,
4 cordes au collet,
empoutées en taffetas

Passé par fil   sur
16 tringles.

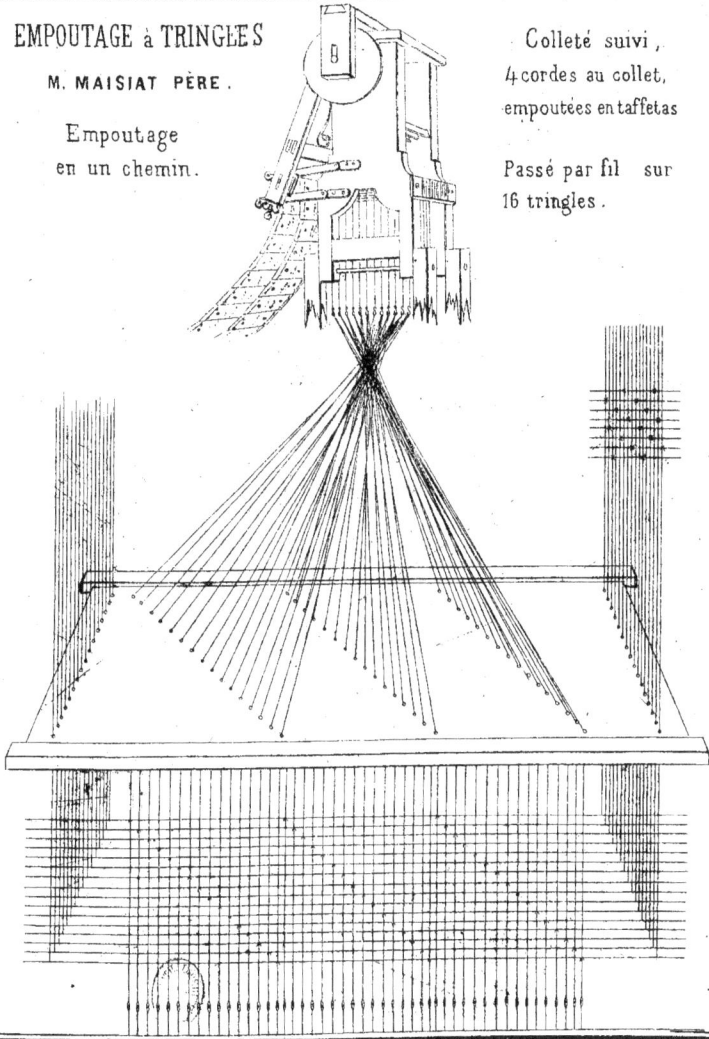

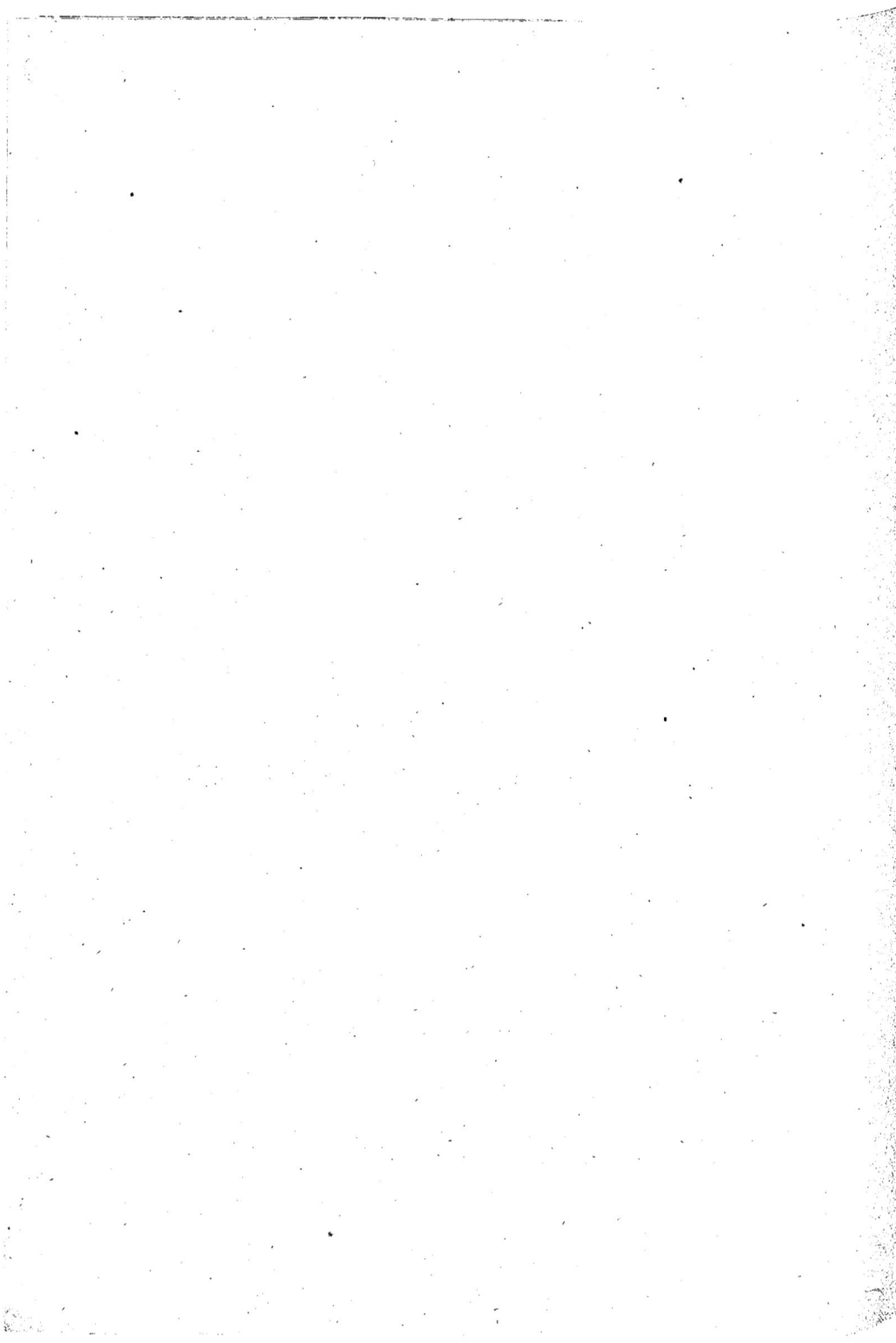

MÉTIER à TISSER.

PAR Mr BIARD.

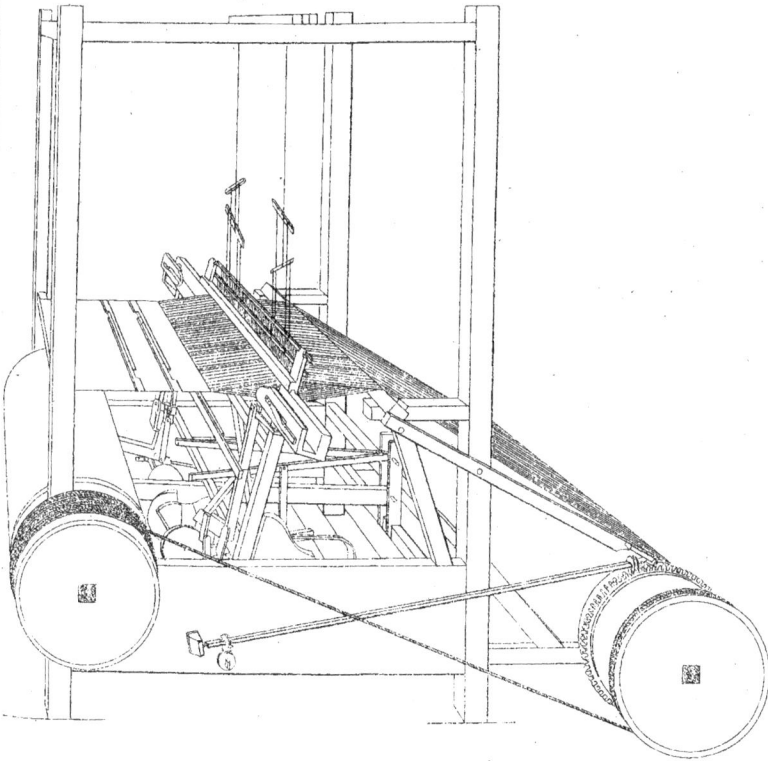

CHINÉ.

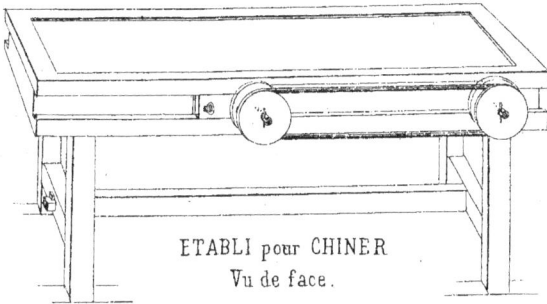

ETABLI pour CHINER
Vu de face.

Profil.

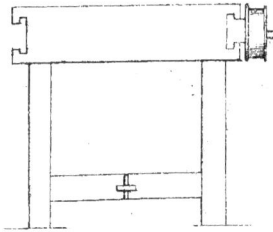

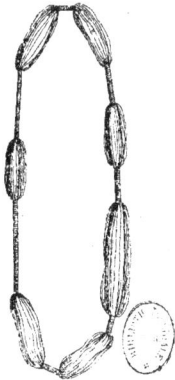

Branche liée pour recevoir
la teinture.

Détail de l'établi.

A. Lorrain del et sculp   Lyon Imp. Jacquet et Veltard

DU CHINÉ (Suite)

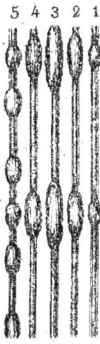

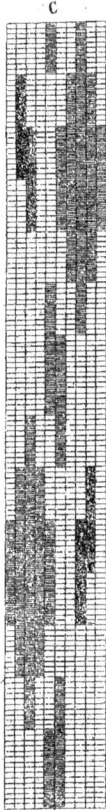

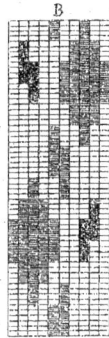

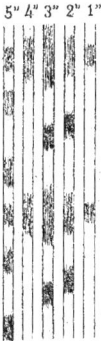

3' 2'   5 4 3 2 1   C   A

5 4 3 2 1

B

5" 4" 3" 2" 1"

1.2.3.4.5 Branches liées suivant l'esquisse pour la
1ère couleur.

2'.3'.   Les mêmes branches liées pour la 2.me
couleur

1".2".3".4".5" Ces mêmes branches déliées et dispo-
sées pour le tissage.

A. Esquisse pour taffetas ou
satin.

B. La même esquisse translatée
pour épinglé.

C. La même esquisse translatée
pour velours.

A.Lorrain del et sculp   Lyon. Imp. Jacquet J. Métbard.

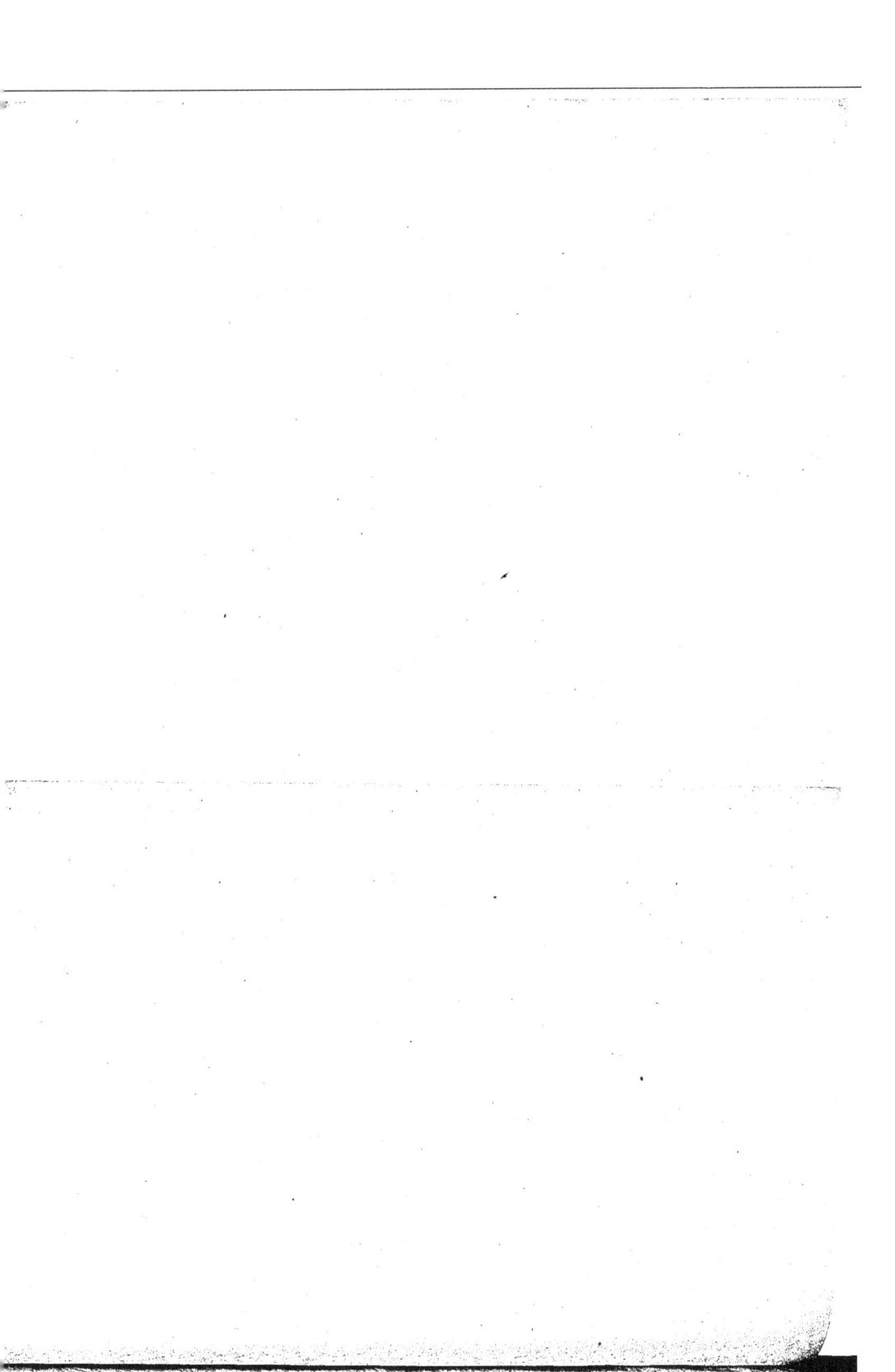

Lyon. Imp. Jacquet et Villecore.

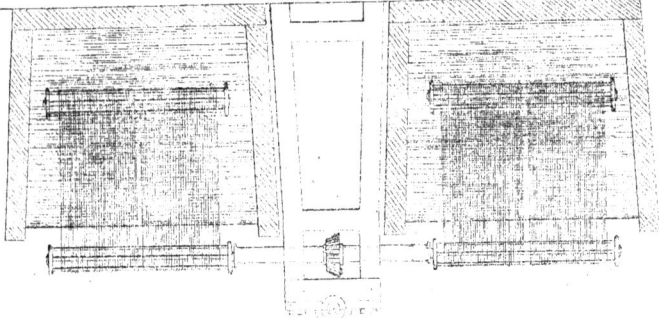

Profil

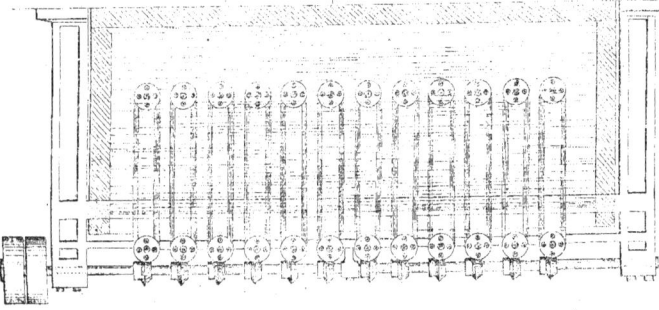

Face

MACHINE À DÉCREUSER ET A LISER

DE CIROUD-D'ARGOUD

Élévation

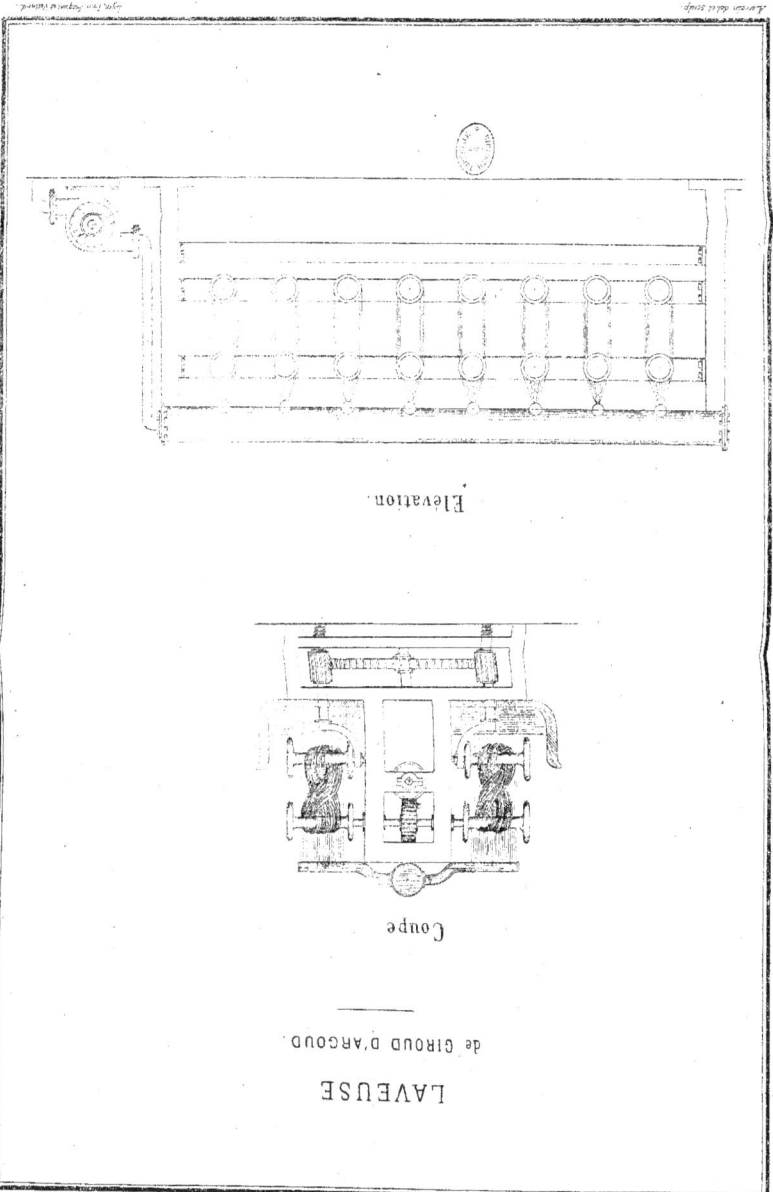

Coupe

LAVEUSE
de GIROUD D'ARGOUD.

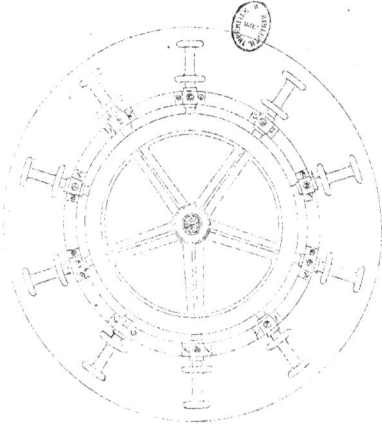

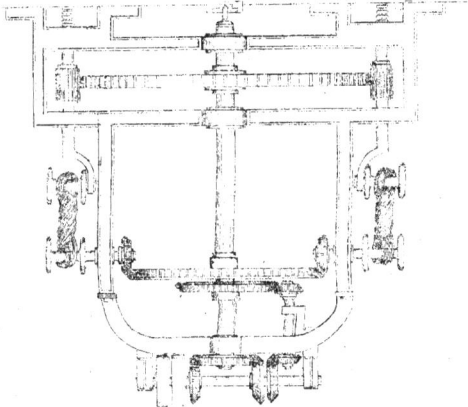

Plan.

Elevation.

CHEVILLEUSE

PAR GIROUD-D'ARGOUD.

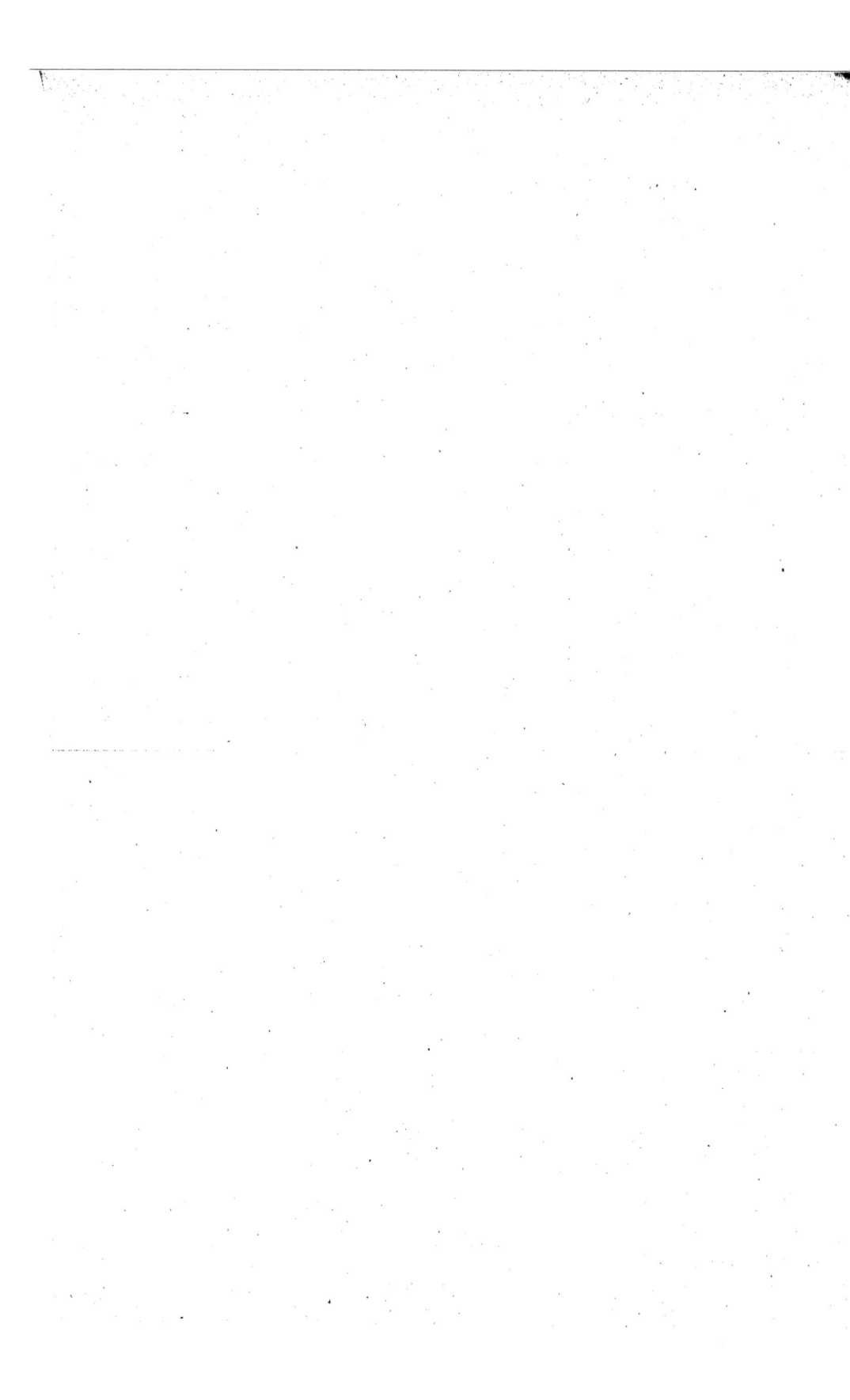

DISPOSITION DE MONTAGE DE MÉTIER PAR COLLETS ET ARCADES DE SECOURS

SYSTÈME DE PROSPER MÉNIER.

Figure 1re

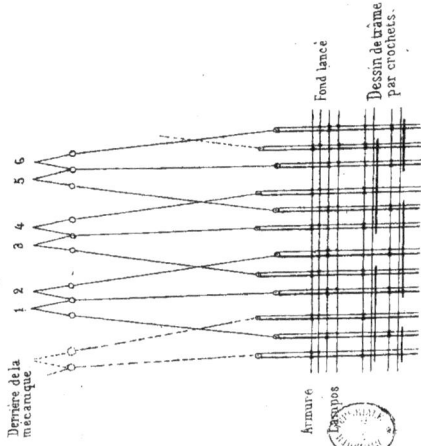

Crochets — 1er   2me   3me   4me

Arcade de secours

Arcade ordinaire

8 lisses.

Maillons

lance.fond
lance.fond
fond

Dessin par découpure d'un crochet.

Figure 2me

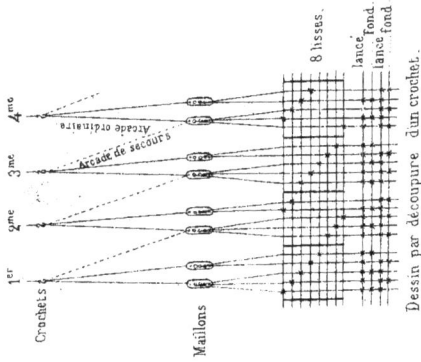

1   2   3   4   5   6

Derrière de la mécanique

Armure

Repos

Fond lancé

Dessin de trame par crochets.

Aurraix del et Sculp

Lyon Imp. Jacquet.

BEZON.

DISPOSITION DE MONTAGE DE MÉTIER PAR COLLETS ET ARCADES DE SECOURS

SYSTÊME de PROSPER MÉNIER.

Figure 3ᵉ

Figure 4ᵉ

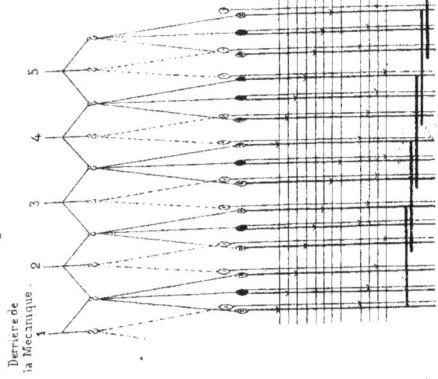

Derrière de
la Mécanique.

Les points noirs indiquent
la place des crochets à la
planche des collets et à la ligne
d'arcs la marche des collets

Trangles

Lasses

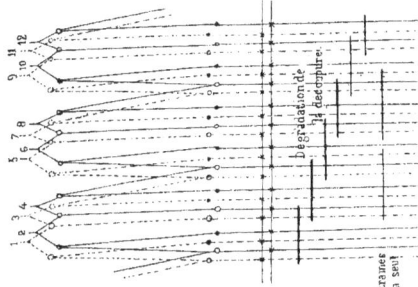

Degradation de
la découpure

Degradation de
la découpure

Brides détramées
liées par un seul
fil.

DISPOSITION DE MONTAGE DE MÉTIER PAR COLLETS ET ARCADES DE SECOURS.

SYSTÈME DE PROSPER MENIER.

Figure 5.

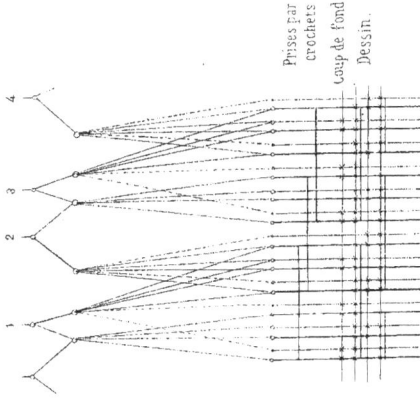

Figure 6.

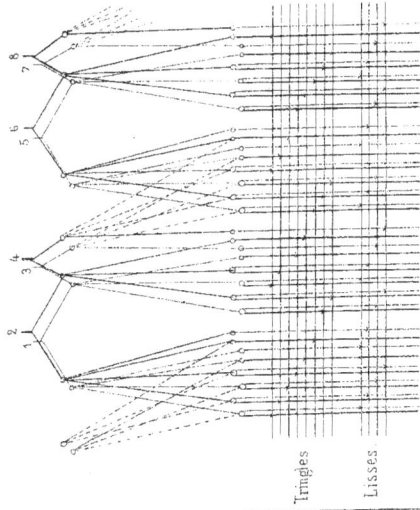

Tringles

Lisses

Prises par crochets

Coup de fond

Dessin.

BEZON.

MONTAGE DE MÉTIER,

SYSTÈME GONNARD (Fʳˢ)

1ʳᵉ Série, fig. 1.

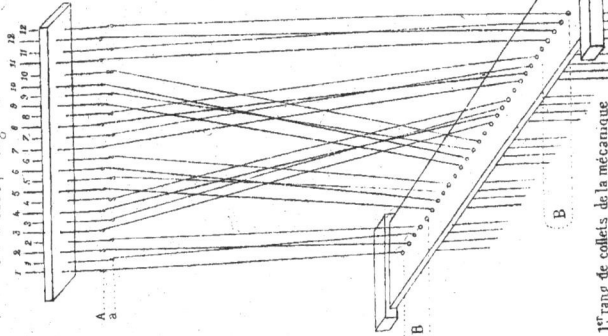

1ʳᵉ Série, fig. 2.

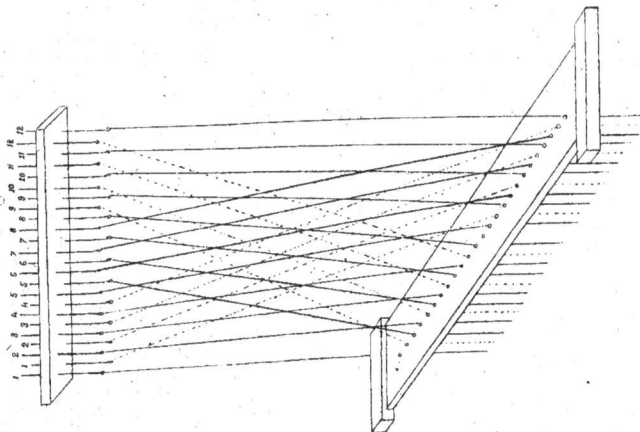

A. 1ᵉʳ rang de colleis de la mécanique
a. 2ᵐᵉ   „   „   „   „
B. Parties de cordes qui restent vides quand la mécanique fonctionne en 400.

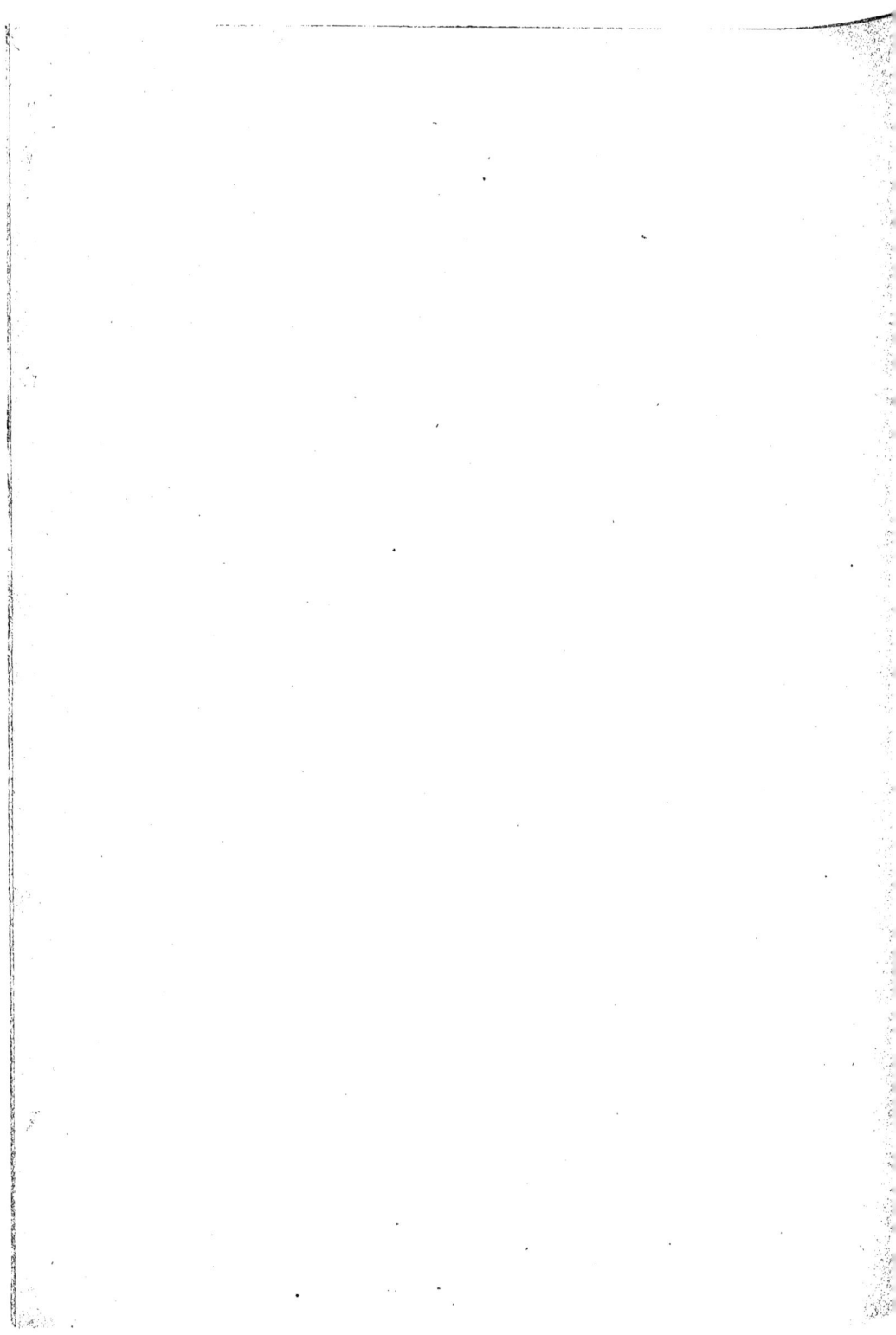

Dictionnaire général des tissus

MONTAGE DE MÉTIER

SYSTÈME GONNARD (F^{ois})

1re Série, fig. 3

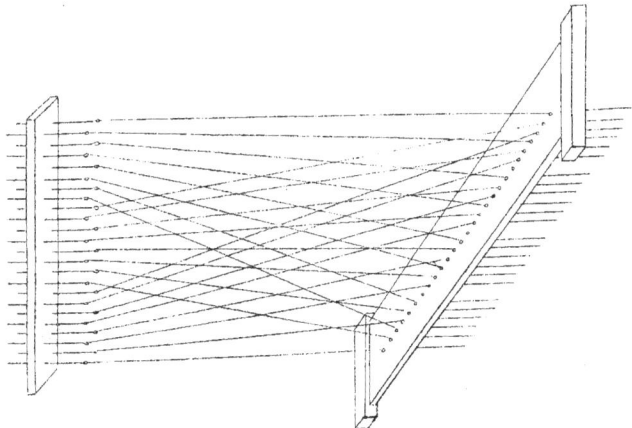

1re Série, fig. 4

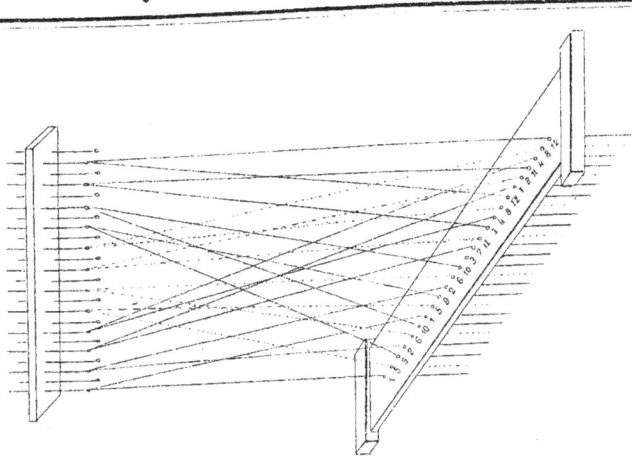

Lyon imp. Jacquet

A.erais del et sculp

MONTAGE DE MÉTIER

SYSTÈME GONNARD F.ON

1.re Série, fig. 5

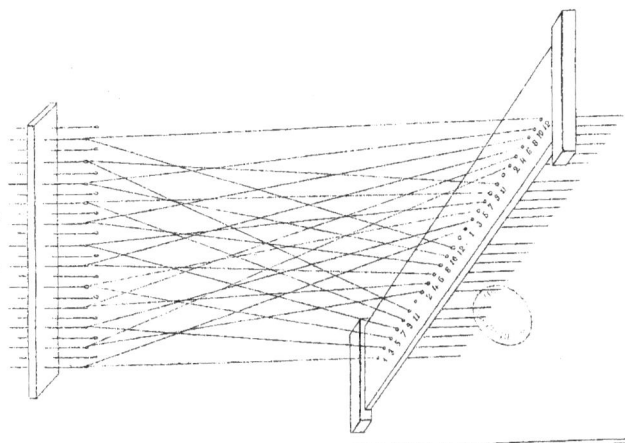

1.re Série, fig. 6

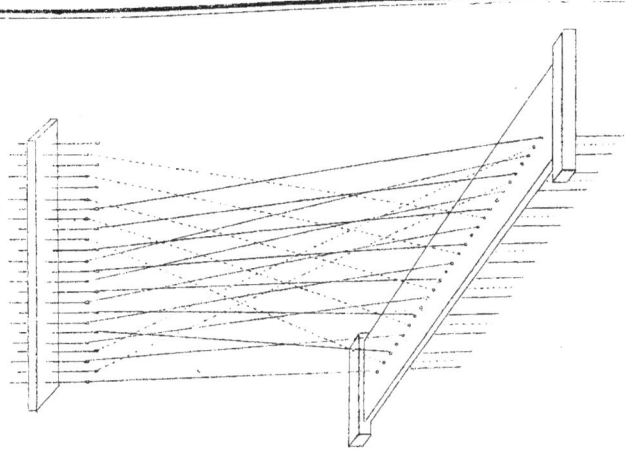

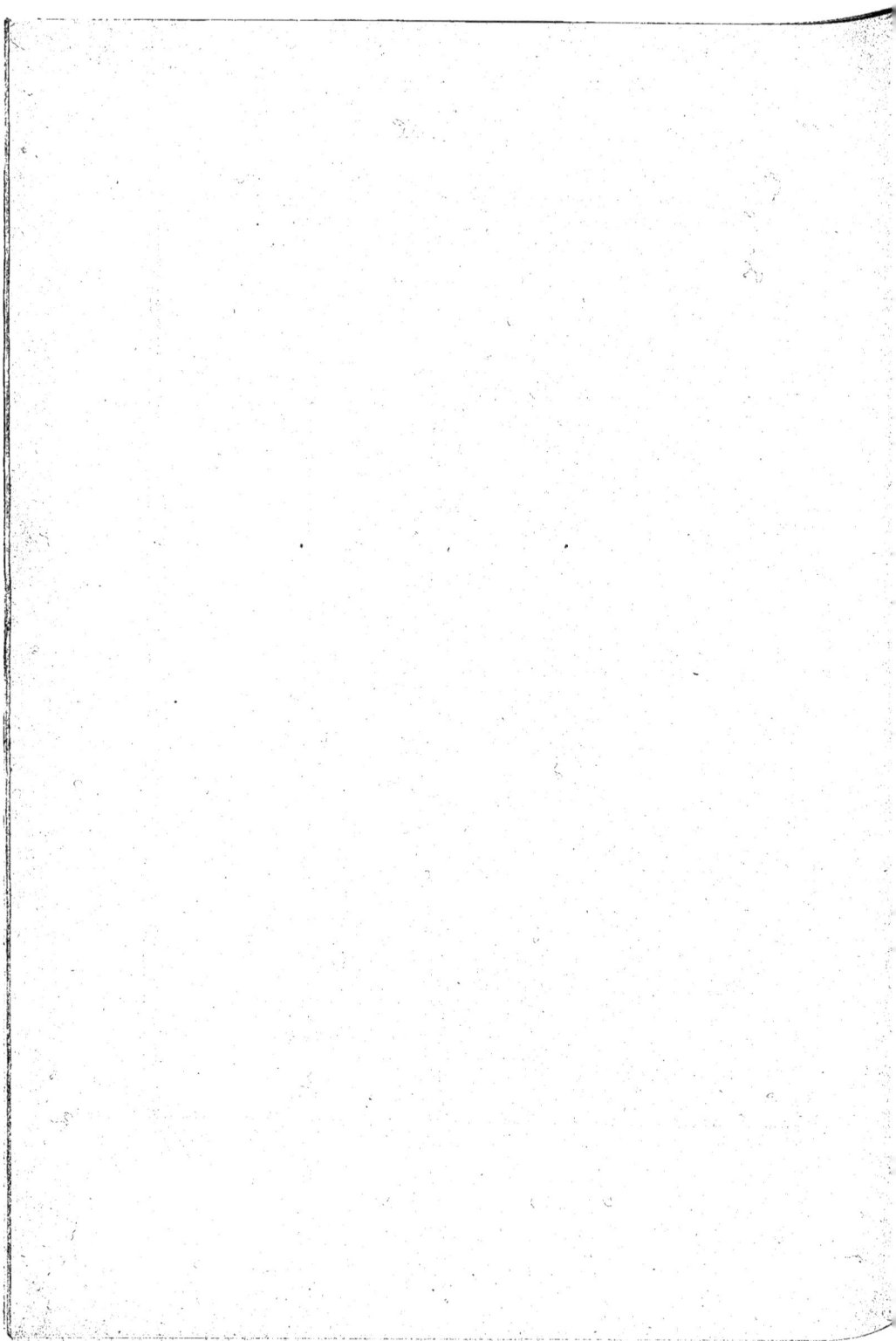

MONTAGE DE MÉTIER

SYSTÈME GONNARD Fᵒⁱˢ

1ʳᵉ Série — fig. 7

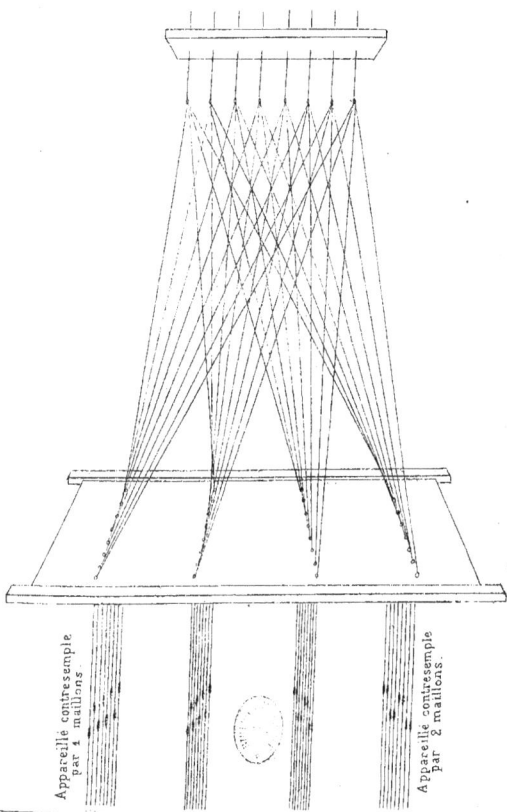

Appareillé contresemple
par 1 maillons.

Appareillé contresemple
par 2 maillons.

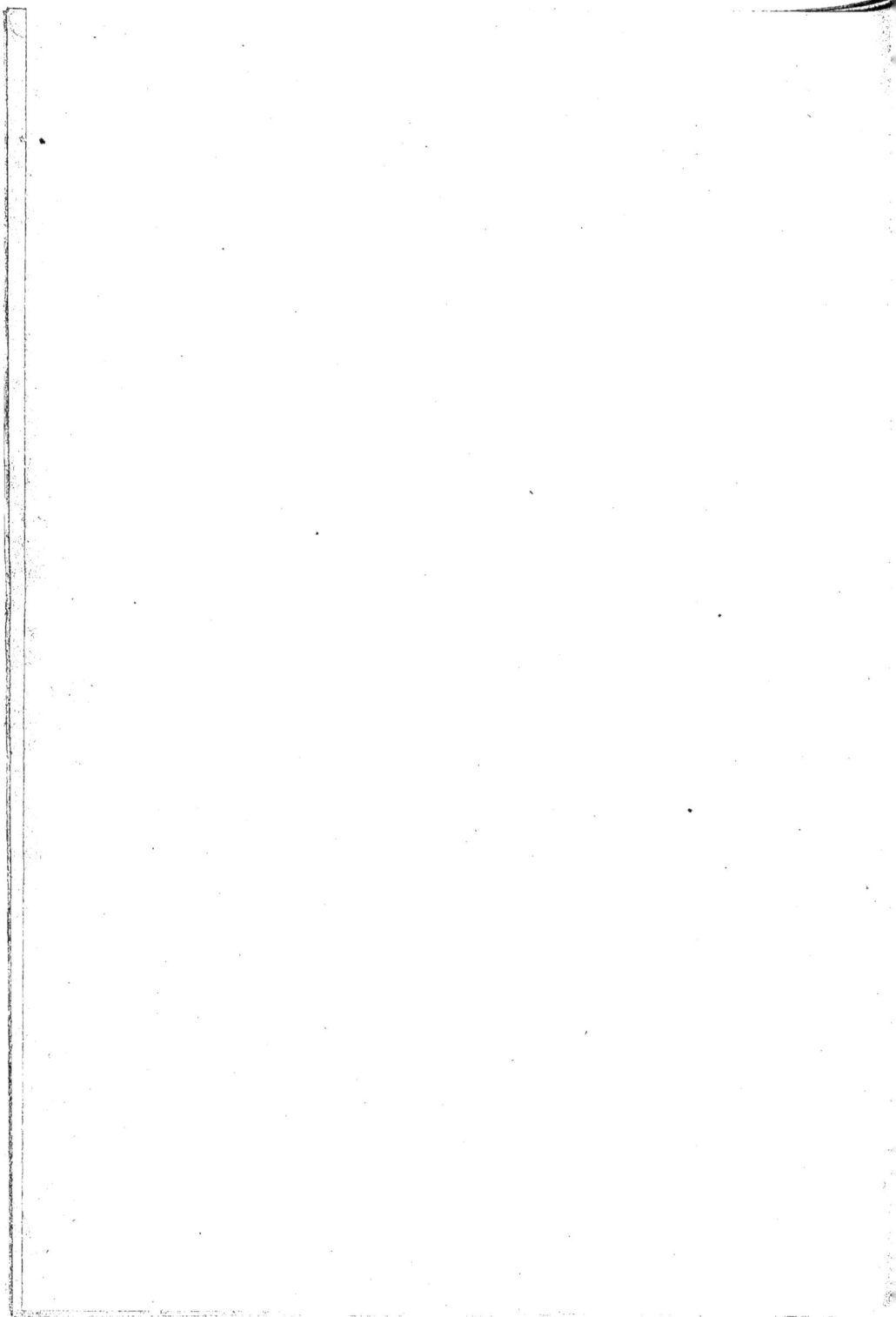

BEZON

MONTAGE DE MÉTIER

SYSTÈME CONNARD (Fois)

2ᵉ Série, fig. 1.

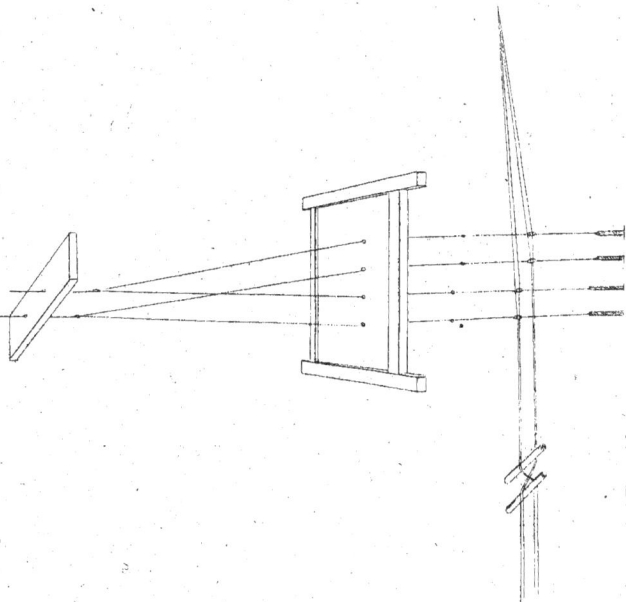

1ʳᵉ Série, fig. 8.

Satin sur 6 lisses

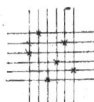

Satin sur 7 lisses.

satin sur 8 lisses

Remettage et armure satin sur
16 lisses pour les montages 4 corps.

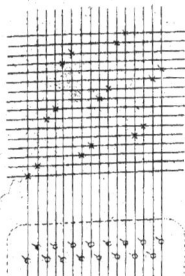

Aarrain del et sculp — Lyon Imp. Jacquet

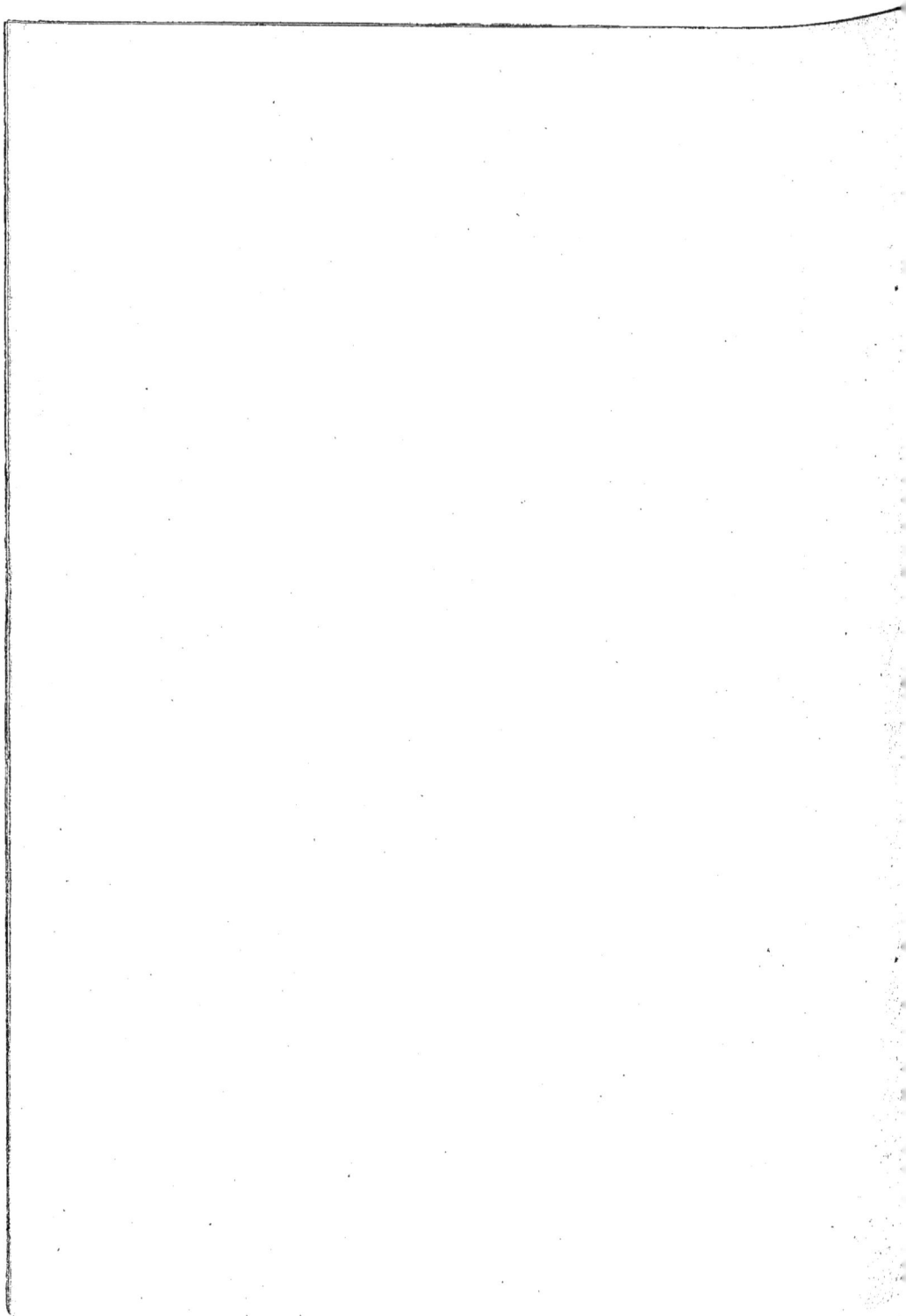

Dictionnaire général des tissus.

BEZON

MONTAGE DE MÉTIER.
SYSTÈME GONNARD (F^{ois})

2ᵉ Série, fig. 2.

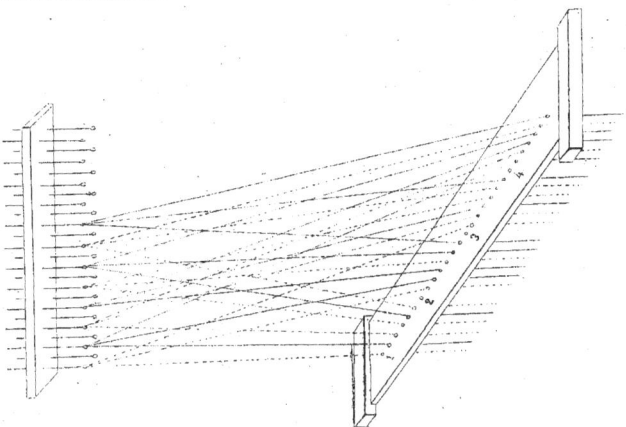

2ᵉ Série, fig. 3.

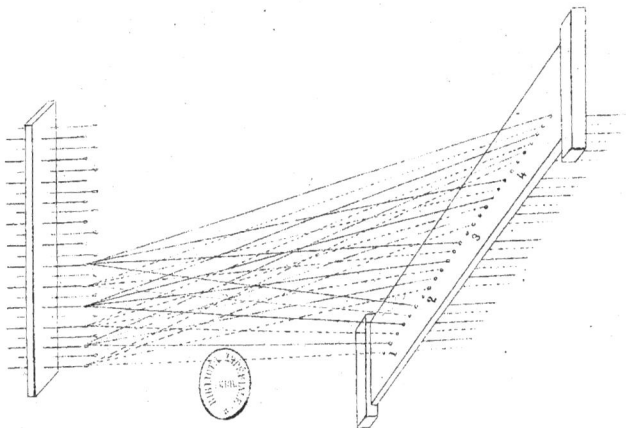

Lyon. Imp. Jacquet.

Morrain del.et sculp.

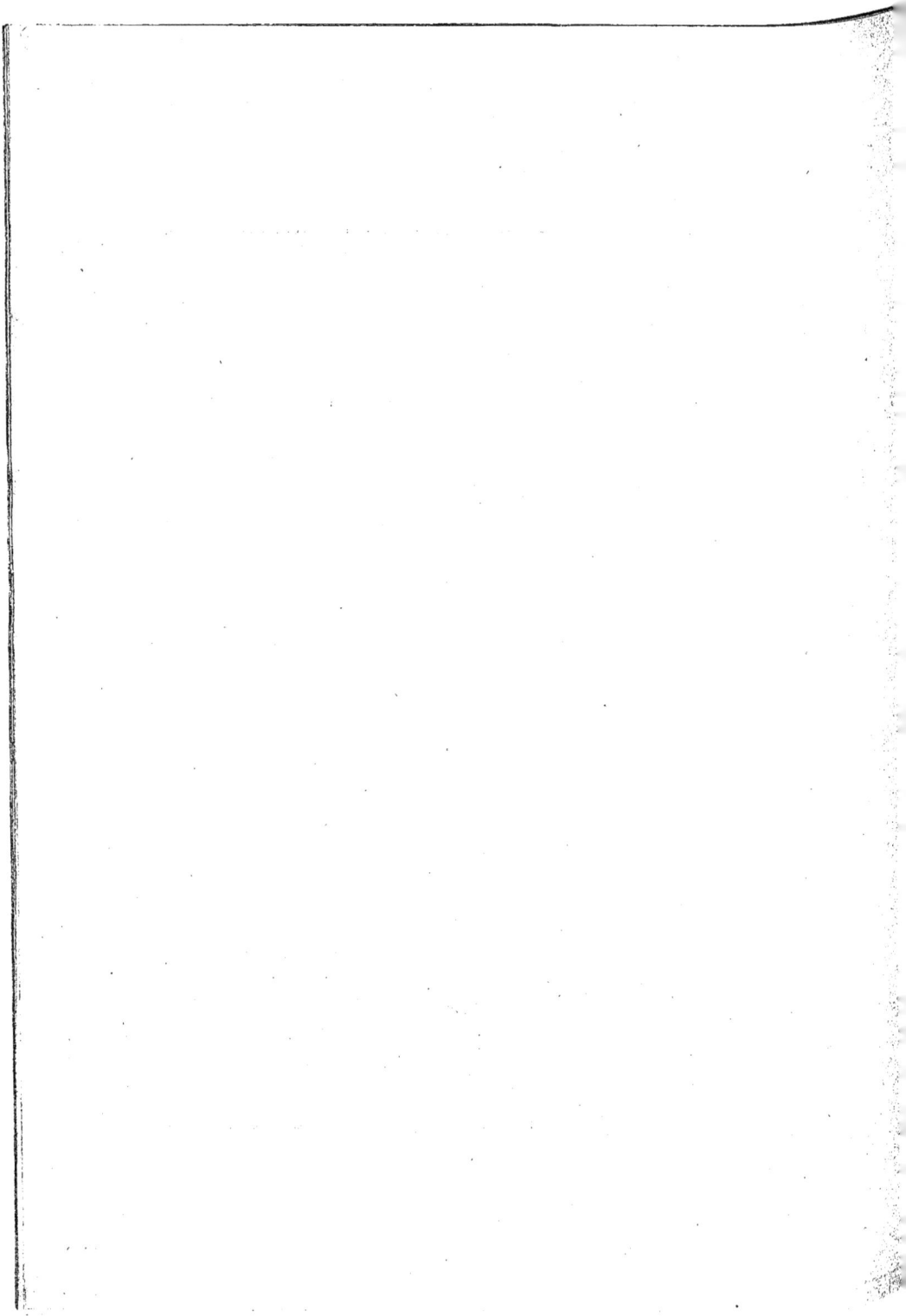

BEZON

MONTAGE DE MÉTIER

SYSTÈME GONNARD (F^{ᵒⁱˢ})

2ᵉ Série, fig. 4.

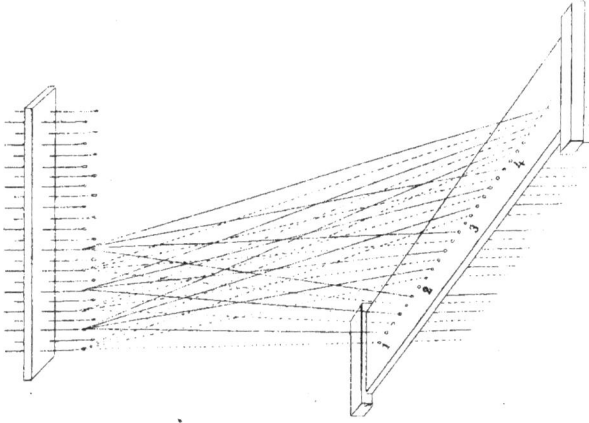

2ᵉ Série, fig. 5

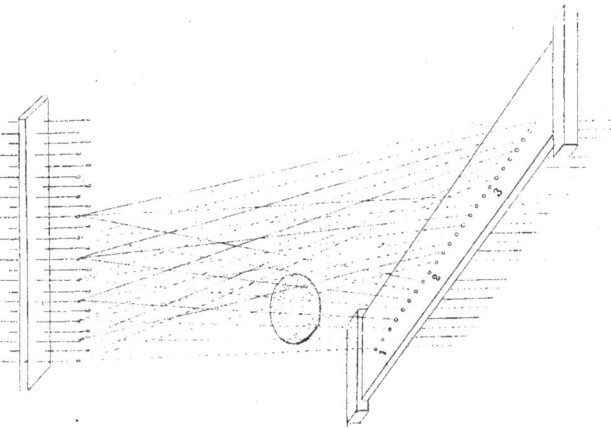

A.orcux del et sculp

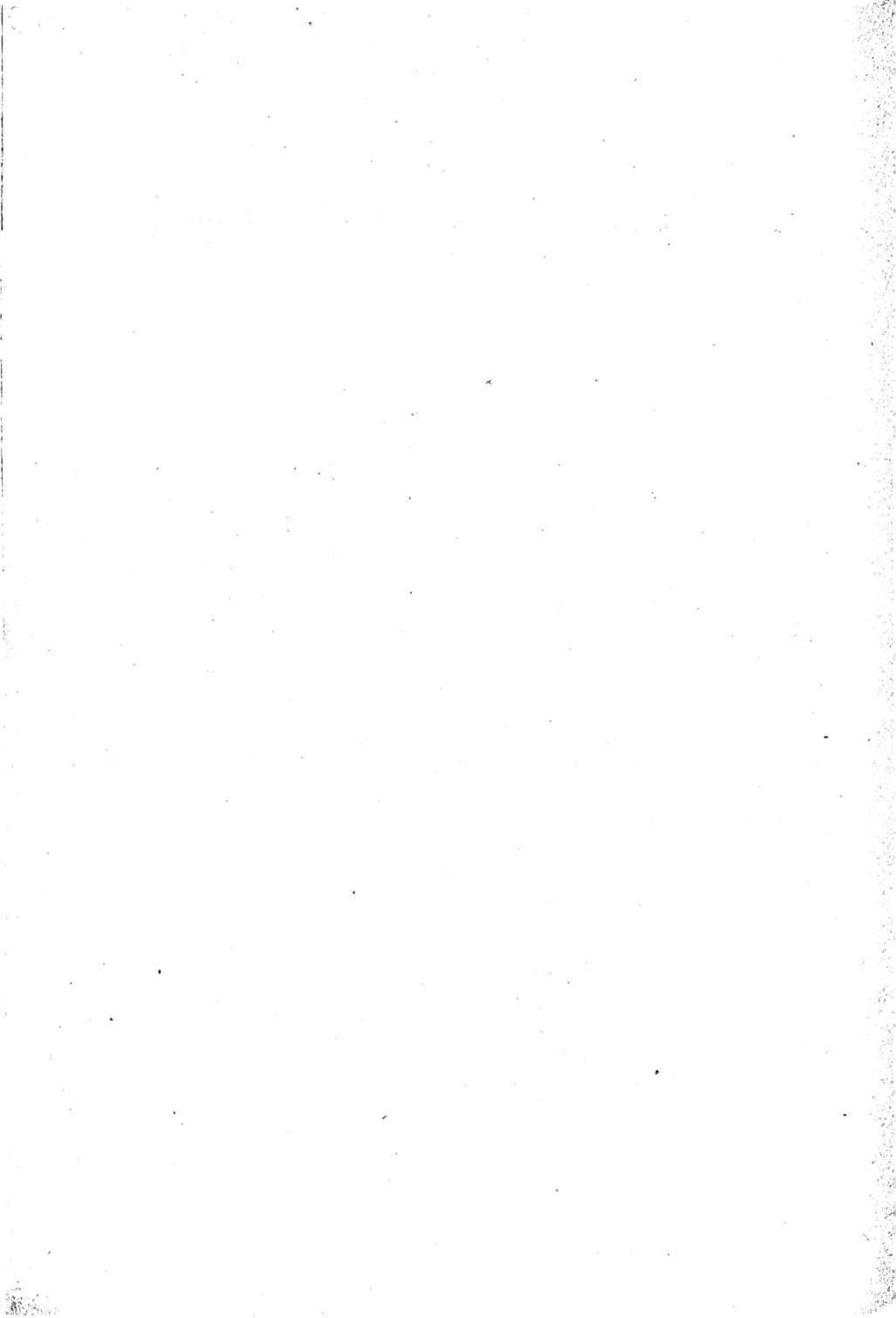

MONTAGE DE MÉTIER

SYSTÈME GONNARD(Frères)

2e Série, fig. 6

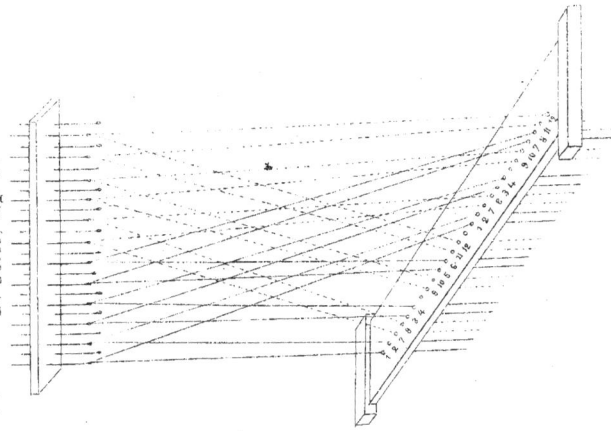

2e Série, fig. 7

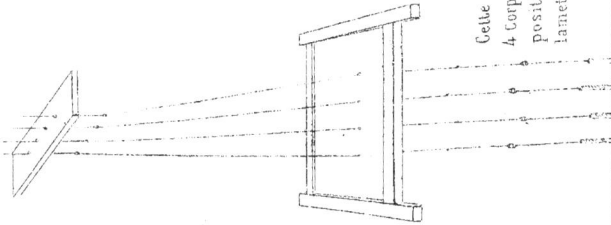

Cette figure représente
4 Corps gradués par la
position donnée aux
lamettes de l'appareillage.

BEZON

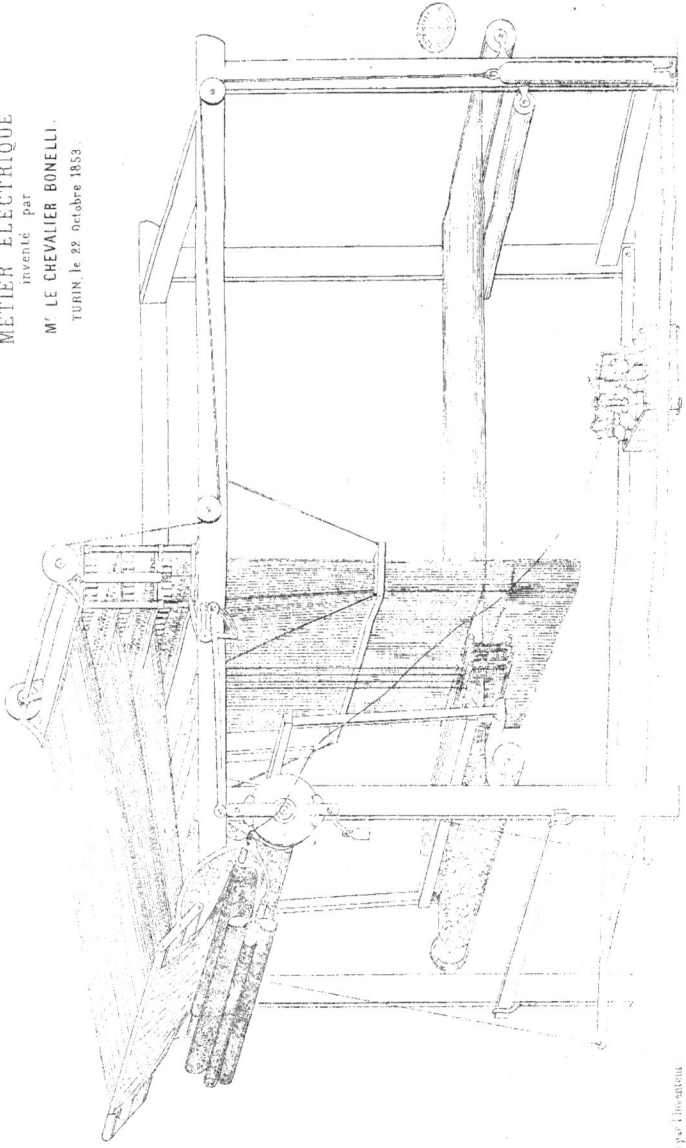

METIER ELECTRIQUE
inventé par
Mr LE CHEVALIER BONELLI.
TURIN, le 22 Octobre 1853

Offert à Mr Bezon par l'inventeur.

Lyon Imp. Dupont

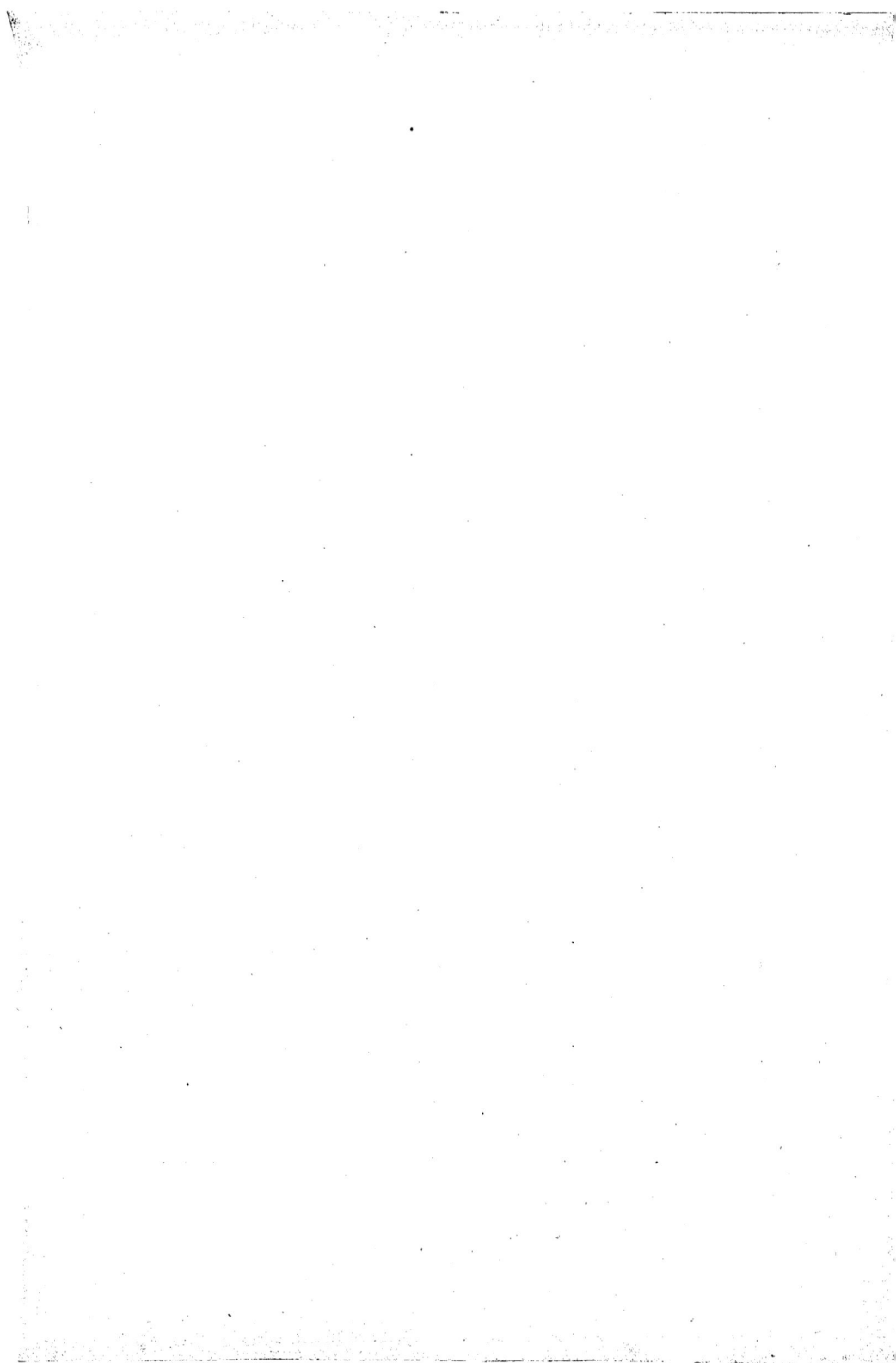

MÉCANIQUE JACQUARD.

—

SYSTÊME BONELLI

—

Avril 1854.

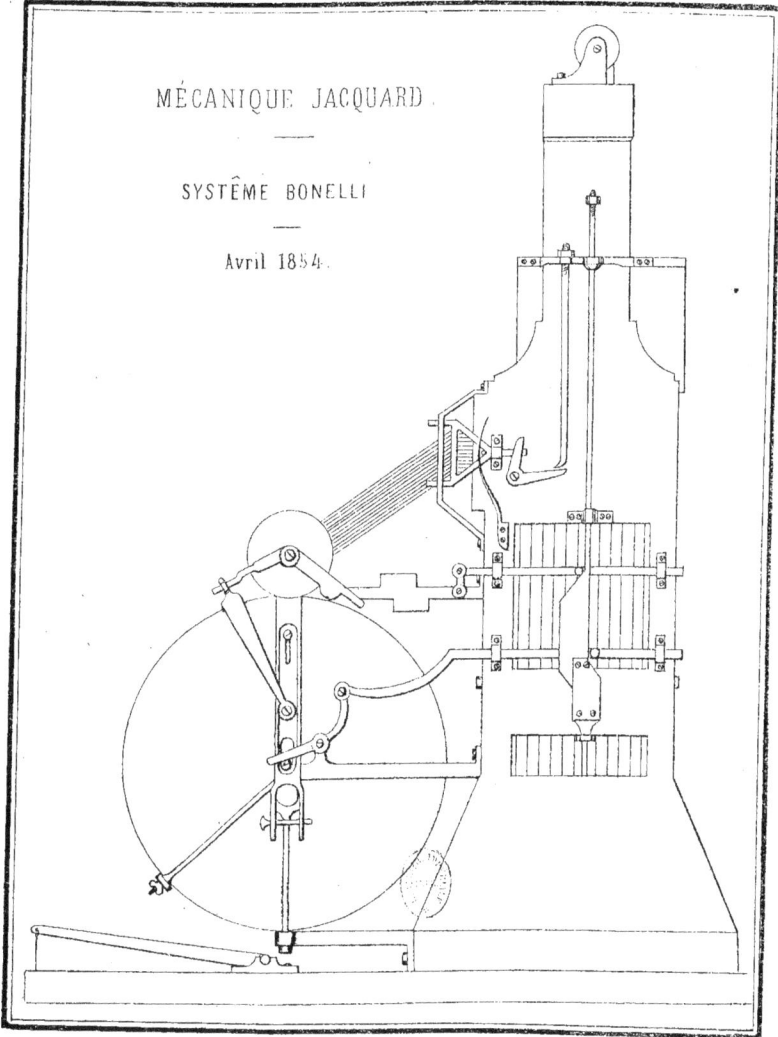

A. orrain del et sculp.   Lyon Imp. Jacquet.

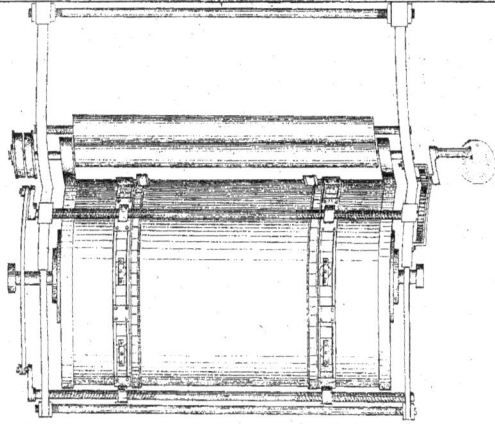

Face

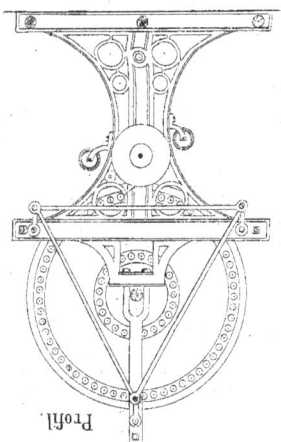

Profil

DE GIRAUD D'ARGOUD

D'ARGOUTINE,

Machine destinée à élargir et à apprêter à la vapeur les étoffes de soie, laine et coton,

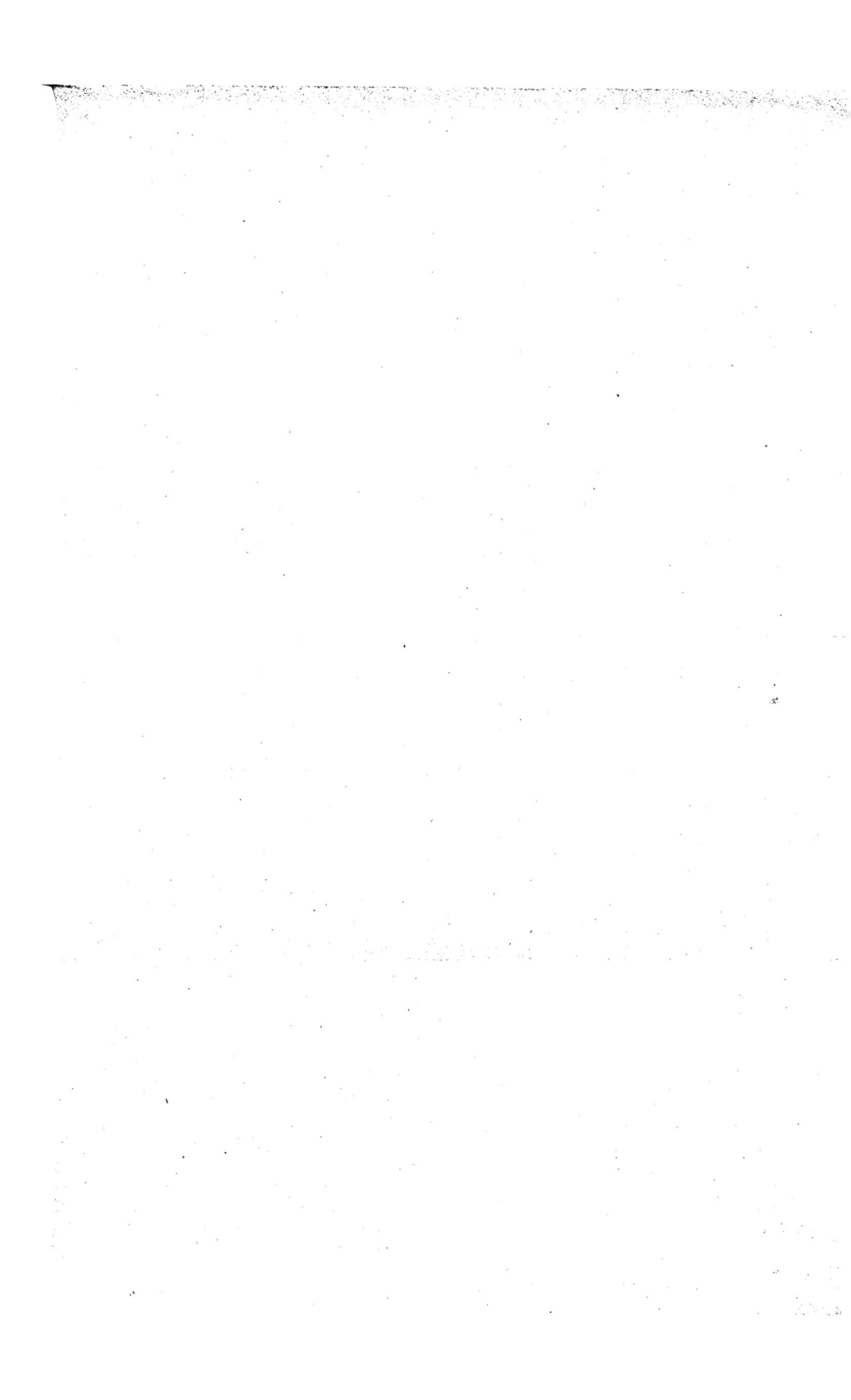

NOUVELLE MÉCANIQUE JACQUARD
pour économie de cartons de façonné.
SYSTEME RONZE

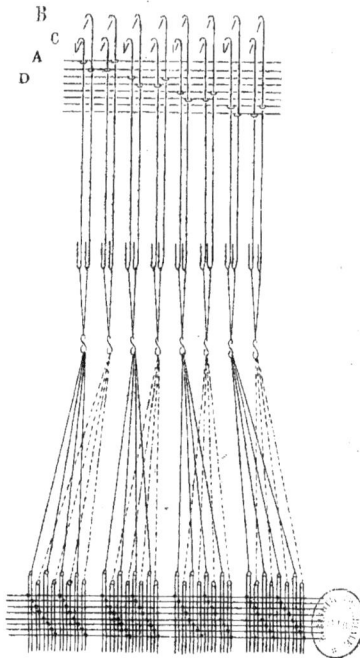

A . B *Griffe à double rang de lames mobiles; les lames impaires et paires de chaque rang seront commandées séparément par un cylindre brisé, dont la partie du cylindre appartenant aux armures des lisses ou tringles, ainsi qu'au commandement des lames tournera tous les coups, tandis que la partie du cylindre appartenant au dessin frappera deux fois avec ce même carton pour laisser produire au 1er coup le dessin lu sur les crochets impairs, et au 2e coup le dessin lu sur les crochets pairs. D'après ce qui est dit, on voit que deux dessins étant lu sur le même carton, il ne s'agit pour en annuler un des deux, que de commander par le cylindre des armures le redressement des lames qui correspondent aux crochets de l'un des deux dessins.*

C . *Redressement des lames se sortant dessous la tête des crochets pour annuler le dessin.*

D *Aiguille à double commandement: Il est facile de voir que lorsqu'une aiguille commande le crochet impair du rang* A, *elle commande aussi le crochet pair sur le rang* B *et vice versa; ce qui fait le complément de la découpure.*

A.Lorrain del et sculp   *Lyon Imp. Jacquet*

GAZE MARLI.

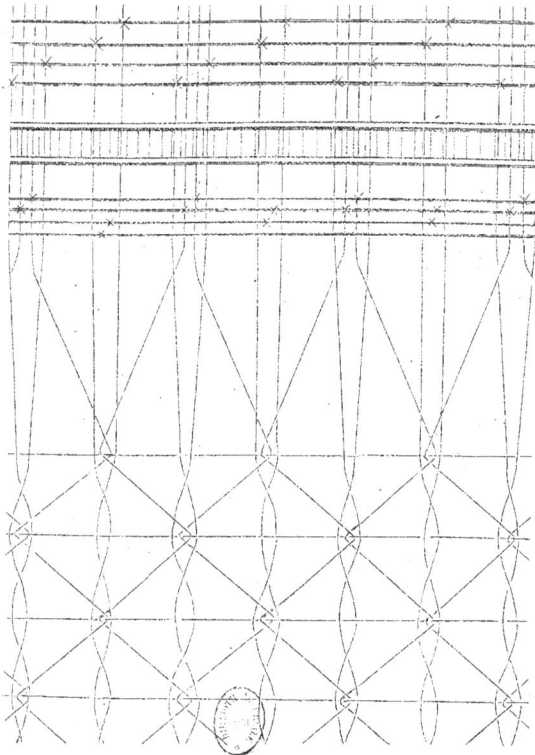

A. evraie del. et sculp.

Lyon, Imp. Jacquet et Vettard.

GAZE TOUR ANGLAIS.

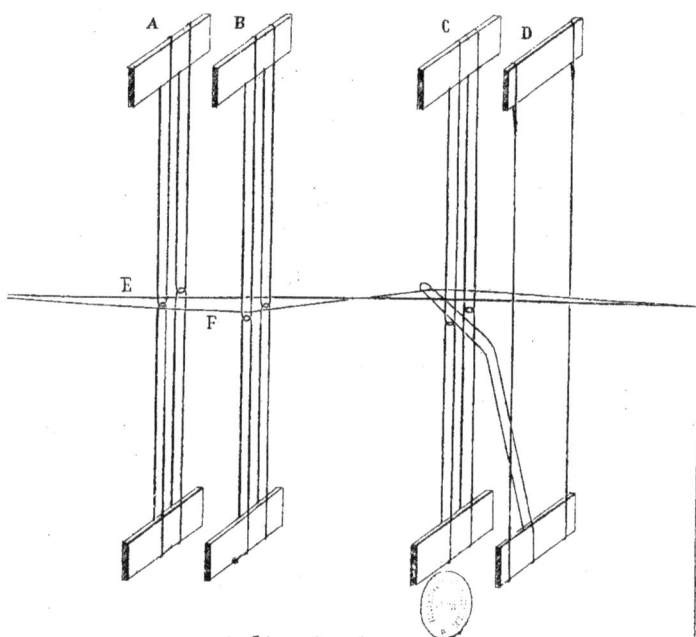

A. Lisse de raison.
B. Lisse de correspondance.
C. Lisse anglaise
D. Demi-maille ou lisse à culotte.
E. Fil fixe.
F. Fil de tour.

Averrain del et sculp.   *Lyon. Imp. Jacquet-Villard.*

GAZE TOUR ANGLAIS.

Zéphir.   Ondulée.

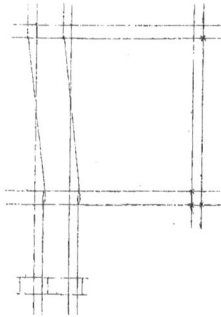 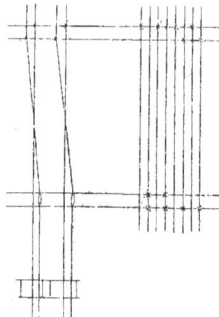

Gros de tour.   Tulle.

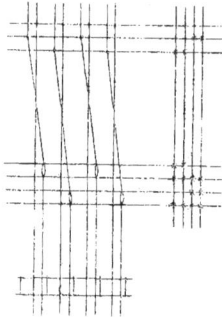 

A. Lorrain del et sculp.   Lyon, Imp. Jacquet et Vellard.

GAZE TOUR ANGLAIS.

Trois places   Trois places (Filoche)

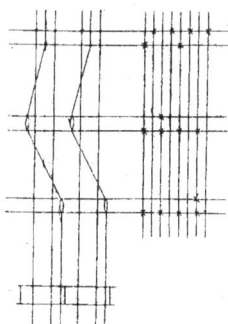 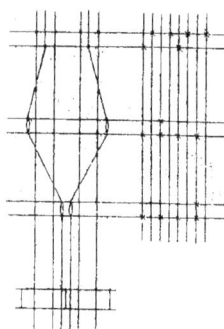

Feston   Damassée.

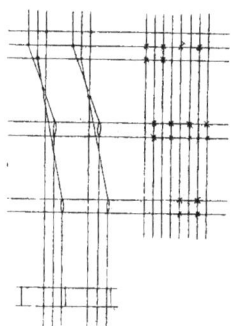 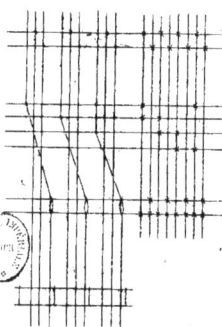

A. orrain del et sculp.   *Lyon. Imp. Jacquet et Veltard.*

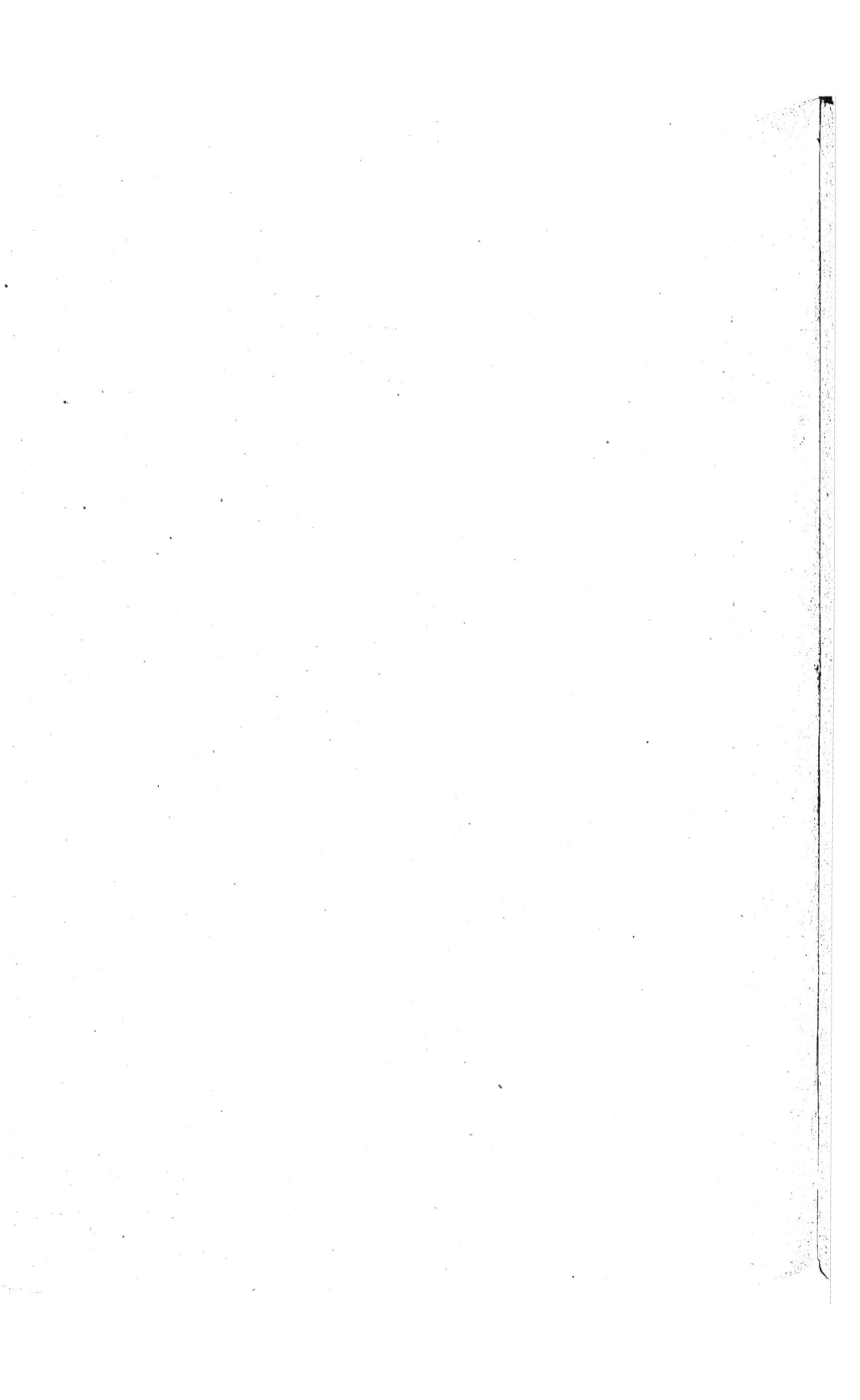

GAZE TOUR ANGLAIS.

Batavia

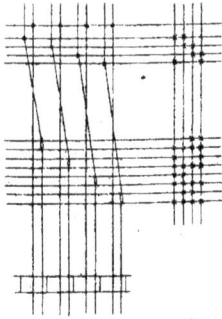

Damassée.

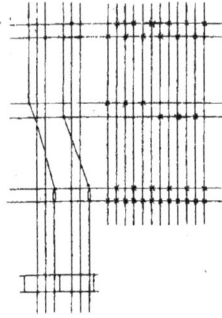

Point-de-riz.

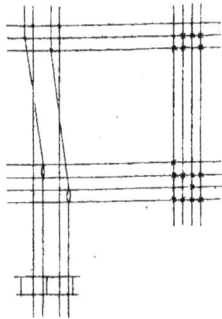

Zéphir et Tulle.

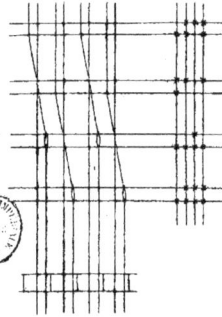

A. Lorrain del. et sculp.   Lyon. Imp. Jacquet et Vellard.

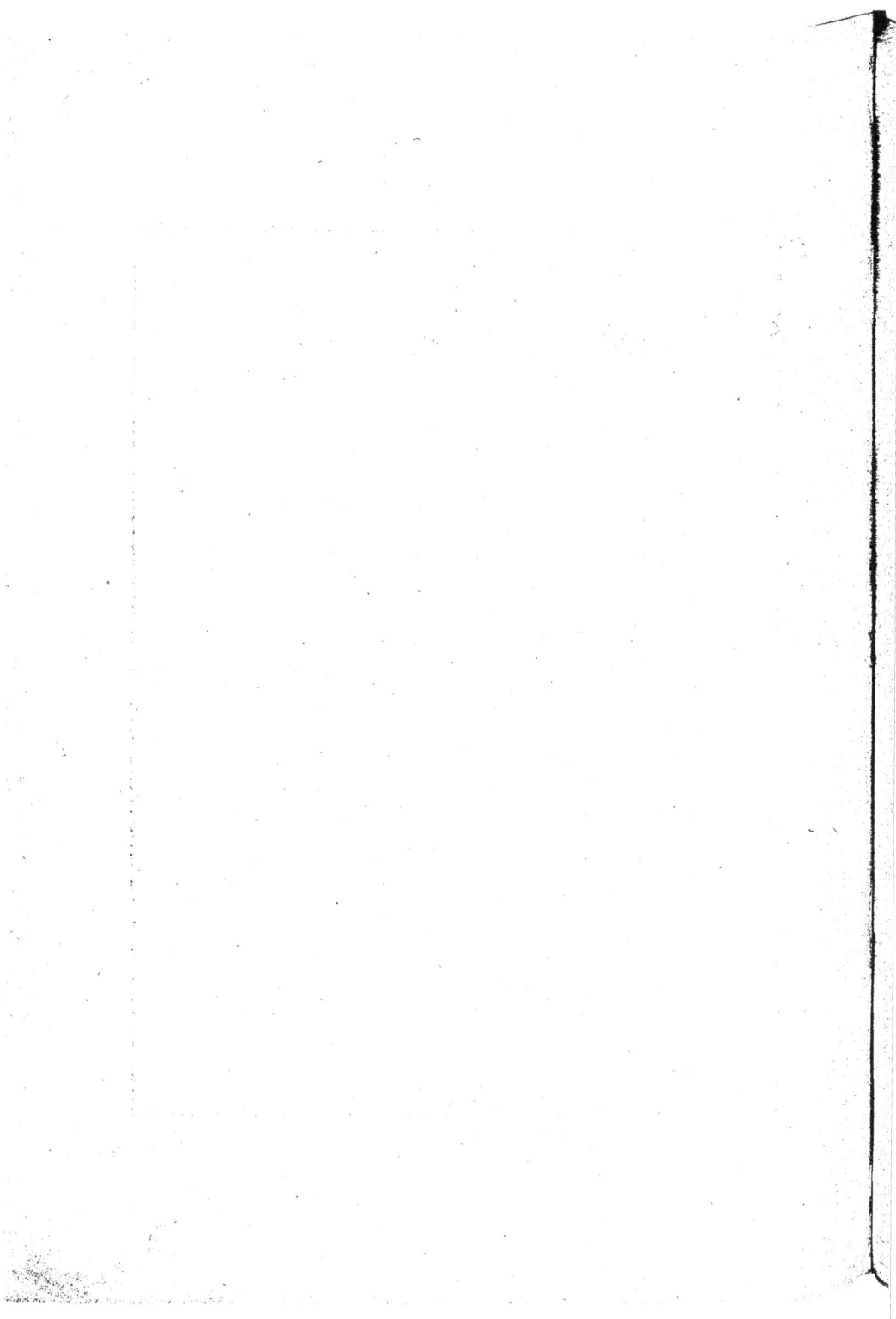

TAFFETAS GAZE DIAPHANE

de Mr **REVILLIOD FILS** (François.)

Brevet de 5 ans, le 20 mars 1823, plus deux brevets d'addition

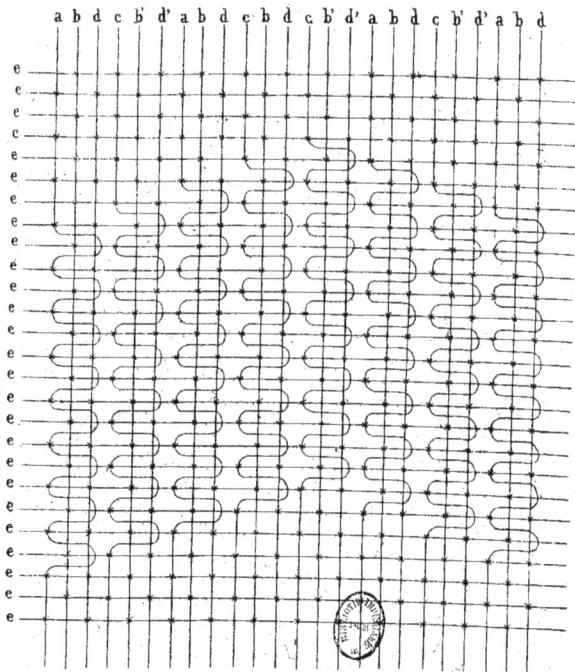

a b d c b' d' a b d c b d c b' d' a b d c b' d' a b d

A. Lorrain del et sculp.

Lyon. Imp. Jacquet.

BEZON.

GAZE TOUR DE PERLE.

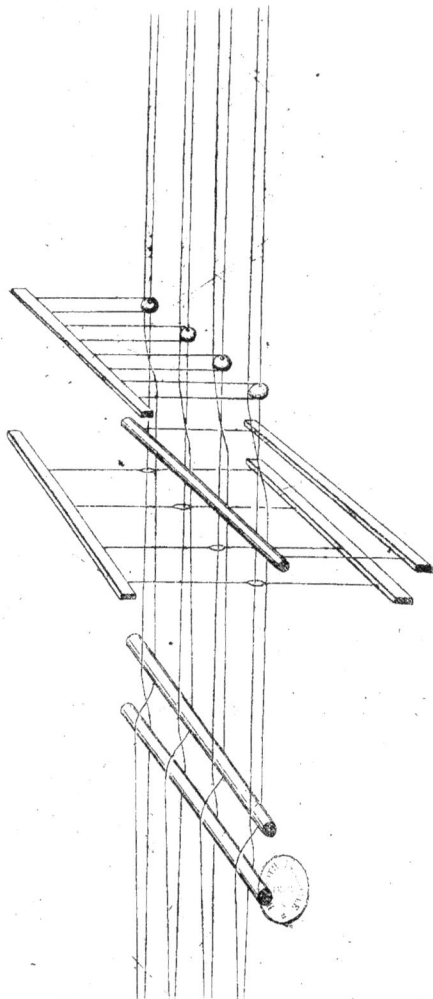

Lyon. Imp. Jacquet et Vettard.

A.orrain. del et sculp

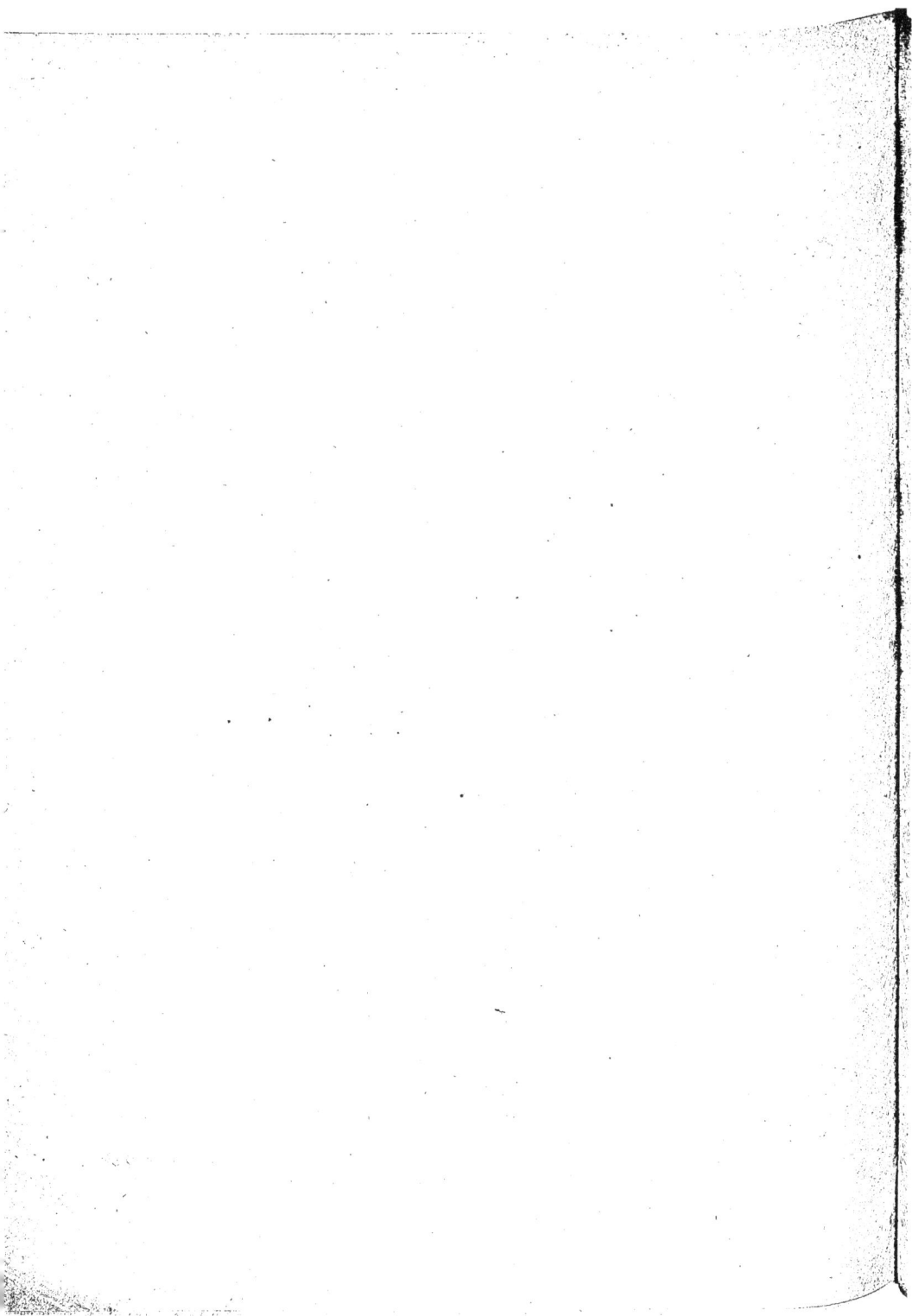

GAZE TOUR DE PERLE.

(Le fil de tour levé par la lisse.)

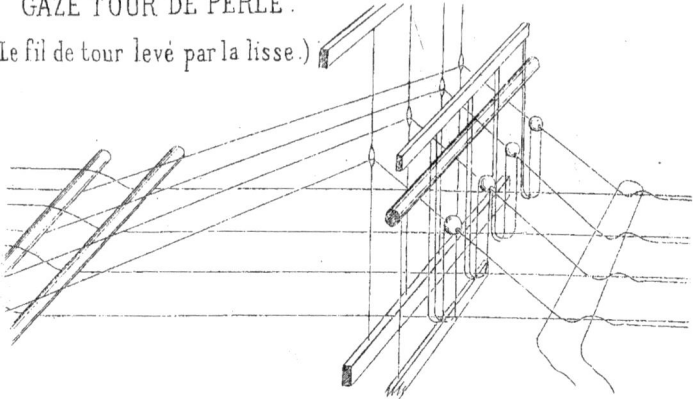

Le fil de tour levé
par la perle.

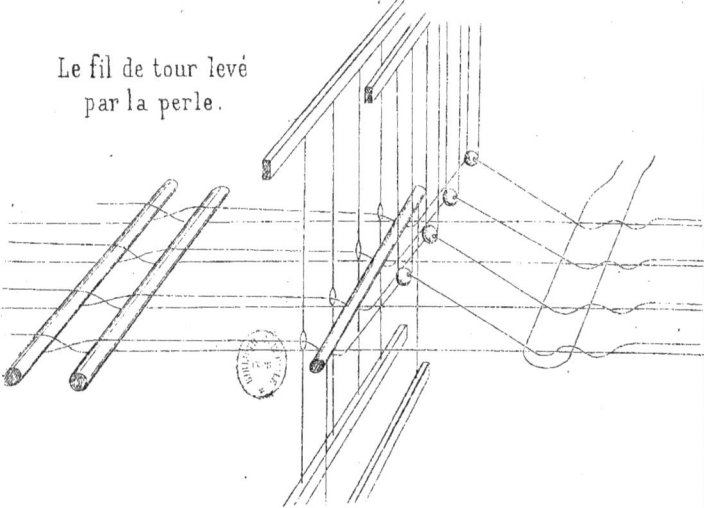

Lorrain del. et sculp.   Lyon, Imp. Jacquel et Vettard.

GOBELINS.

Broche.

Aiguille à presser.

Aiguille.

Tranche-fils.

Peigne.

Ciseaux.

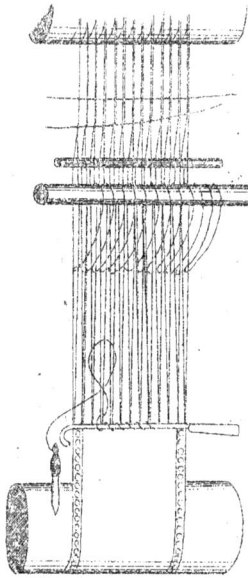

Métier pour velouté.

Hachures.

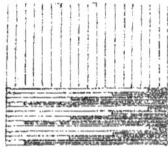

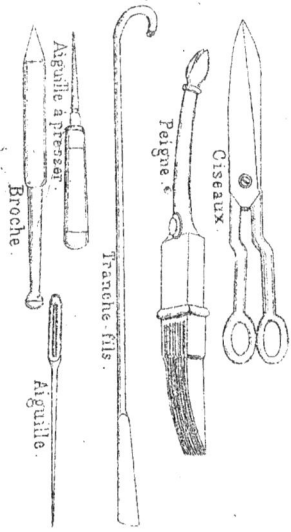

Coupe de la chaîne

Le Tranche-fils.

Lorrain del et sculp.   Lyon, Imp. Jacquet et Velture.

GOBELINS.

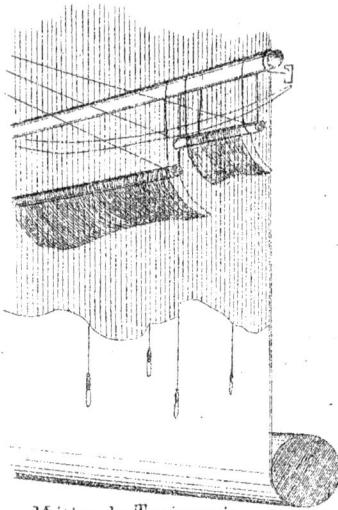

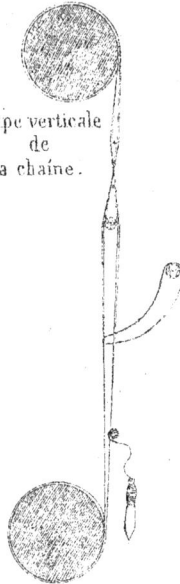

Coupe verticale
de
la chaine.

Métier de Tapisserie.

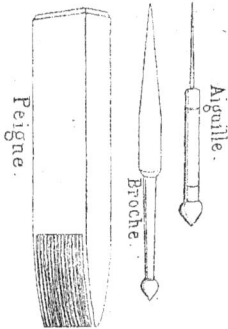

Peigne.

Broche.

Aiguille.

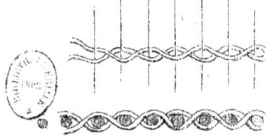

Tissus.

A.orrain del et sculp.   Lyon, Imp. Jacquet et Vellard.

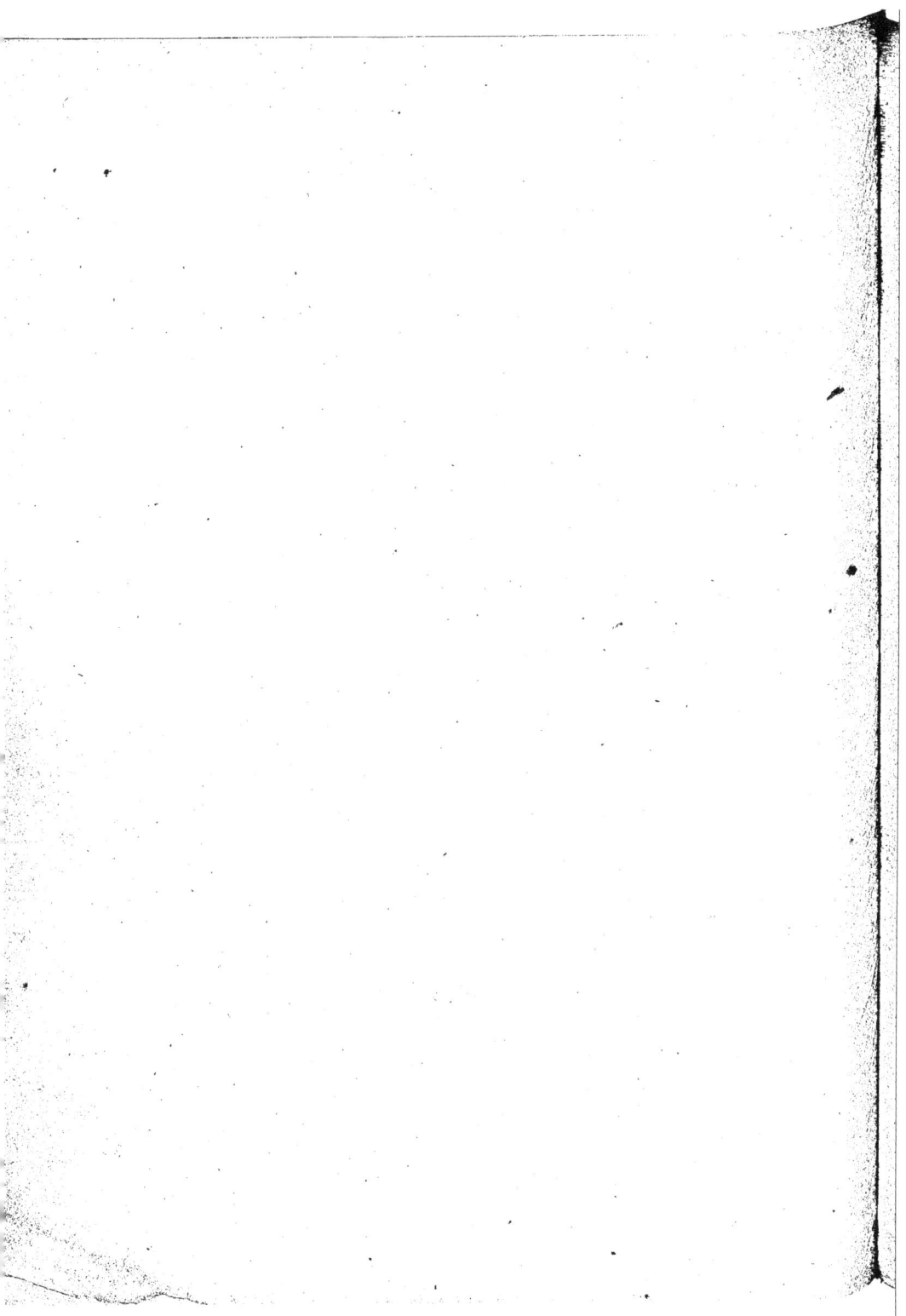

F.cois D'HÉRENS et EMILE VALAGER de Lyon, Btés s g. d. G.

Mécanique invariable double armure à crochets de levée et baissé et à mailles doubles à g des coulisses.

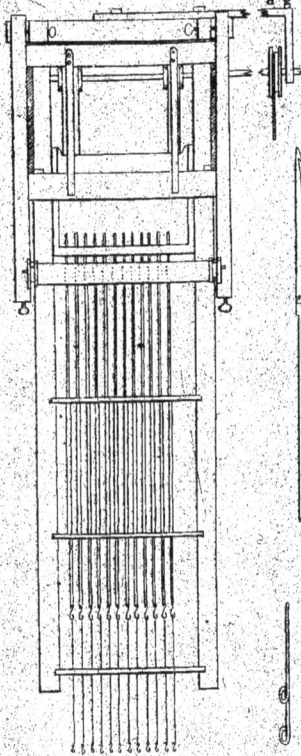

Remettage à corps et lisses en 2 corps de lisses remis par 16 fils sur 12 lisses.

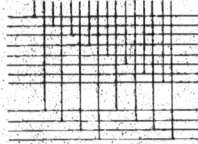

Remettage corps et lisses en 4 corps de lisses remis par 16 fils sur 12 lisses.

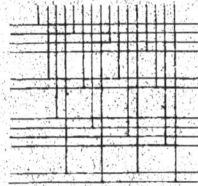

Remettage et armure en 2 corps de lisses remis par 24 fils sur 16 lisses.

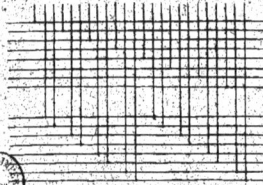

A.orrain del.et sculp.　　Lyon Imp. Jacquet et Vettard.

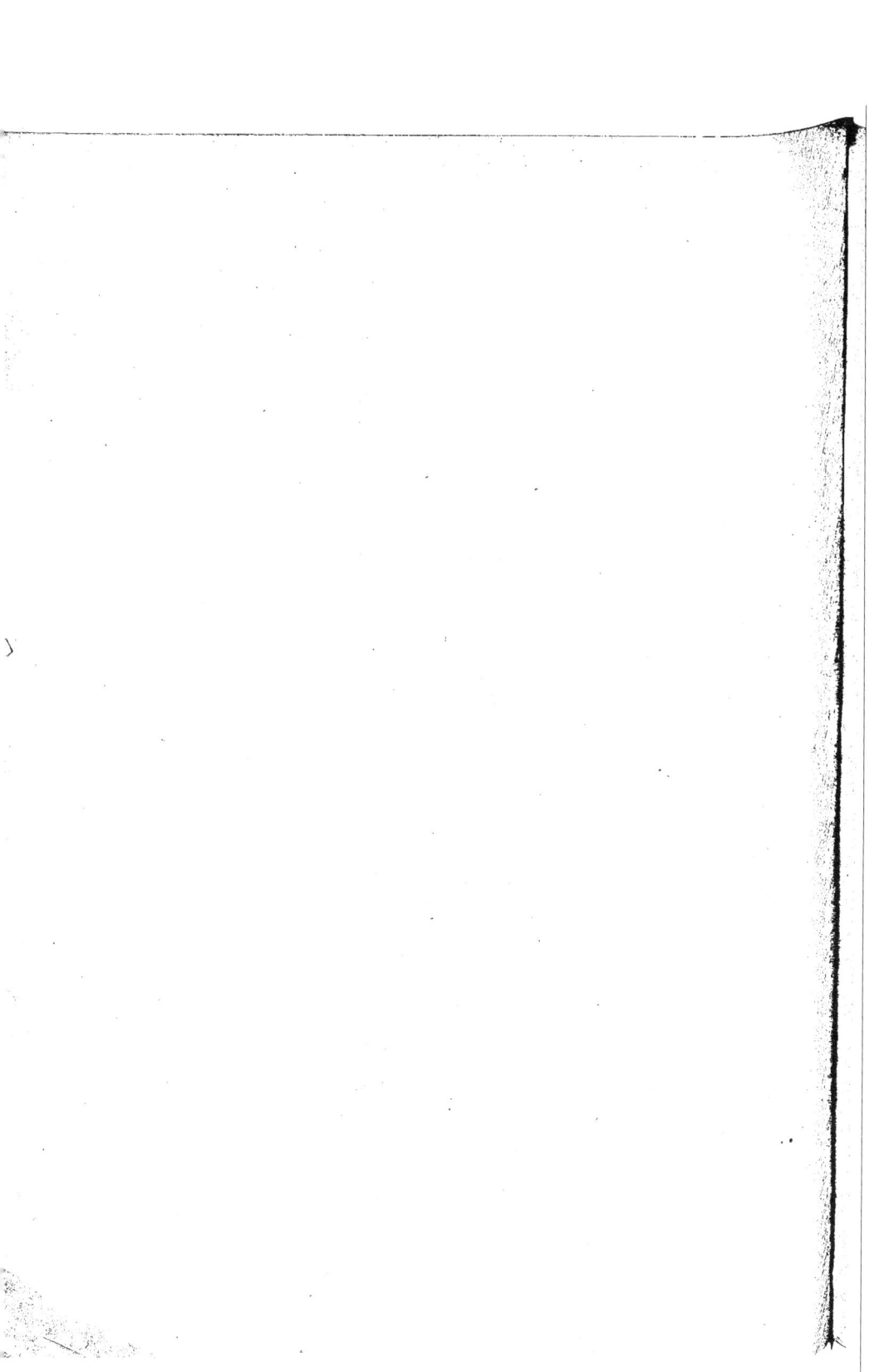

F.^{COIS} D'HERENS et EMILE VALAGER (Suite)

Remettage corps et lisses en 4 corps de lisses par 40 fils
sur 16 lisses.

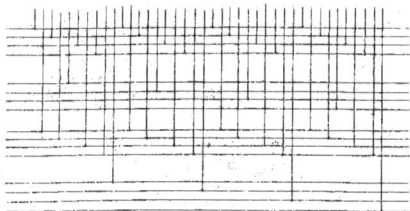

DAMAS FRANÇAIS.

ou Damas double couleur avec envers,
ou 4 couleurs sans envers.

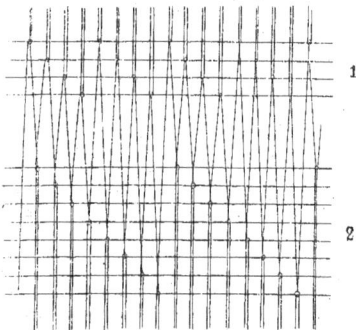

1

2

C

A   B

1. Corps de maillons.
2. 8 lisses à grandes coulisses armées enlevé et en rabat.

A. Crochet dépouillé de son boudin.
B. Le même crochet garni de son boudin.
C. Rainure pour recevoir l'arrêt du ressort à boudin.

A. orrsin del et sculp.   Lyon, Imp. Jacquel et Vellard.

1134
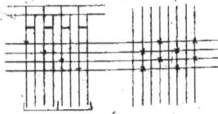

1138
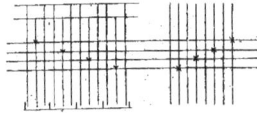

1135
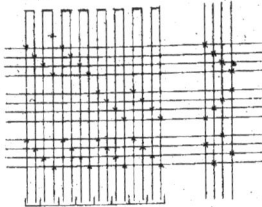

1139
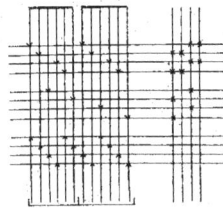

1137
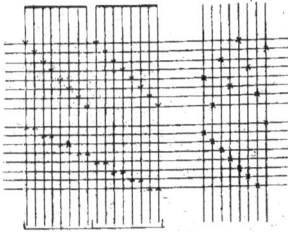

1145
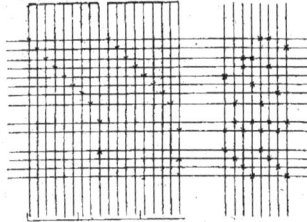

1142
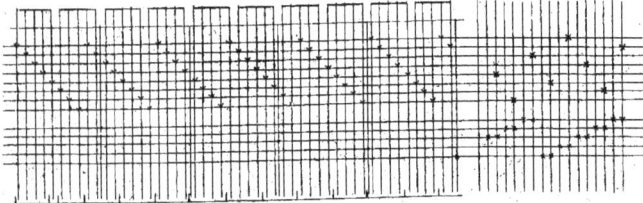

A. Lorrain del. et sculp.   *Lyon. Imp. Jacquet et Vettard.*

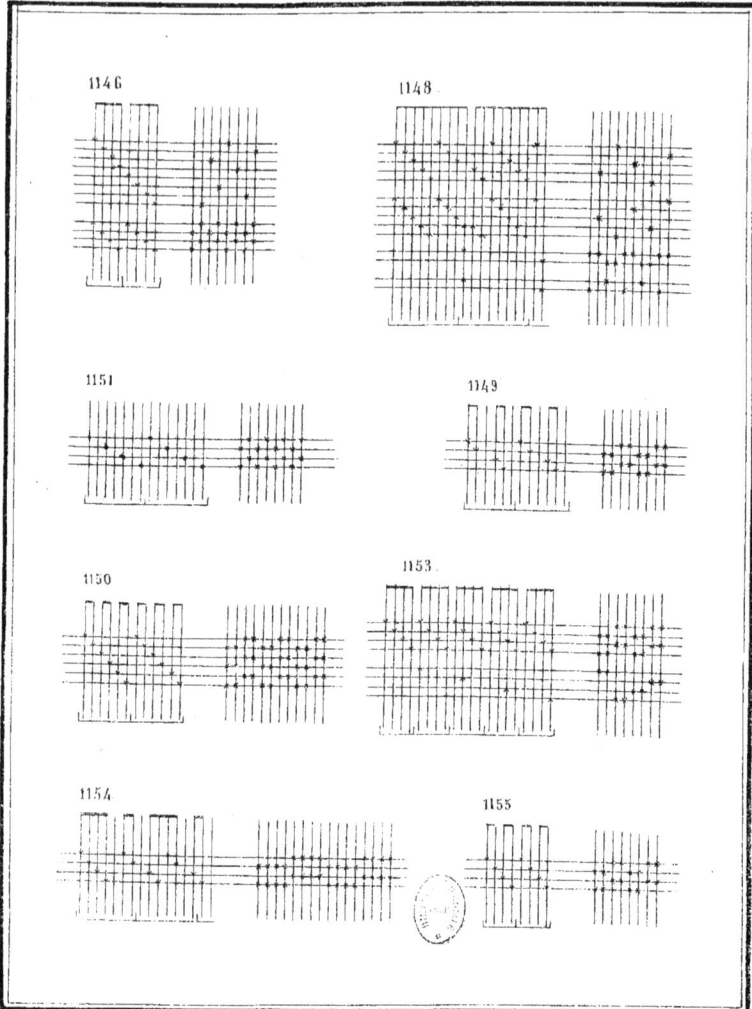

A.Lorrain. del et sculp.   Lyon, Imp Jacquet et Villard.

1152.

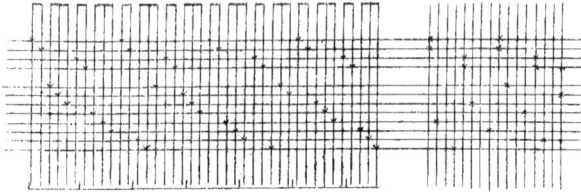

1158.

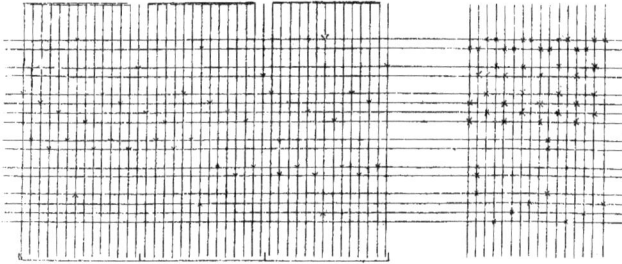

1159

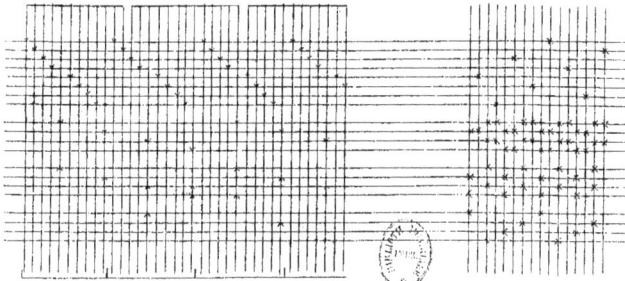

1156   1157

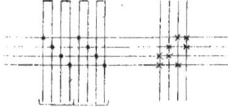 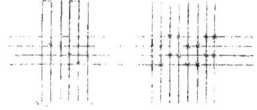

1160

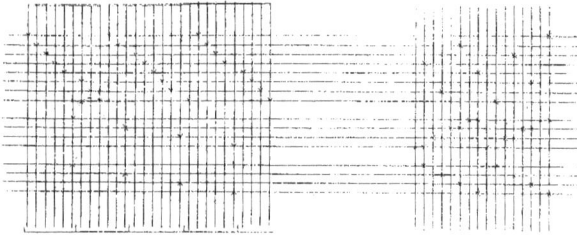

1161

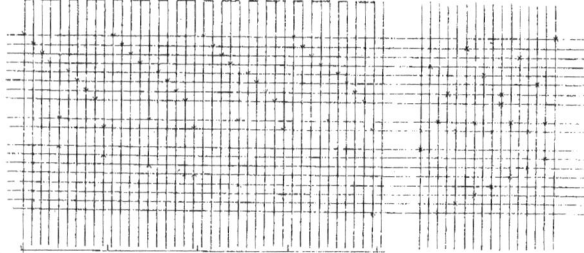

1162

A.orrain del et sculp.   Lyon.Imp. Jacquel et Vellard .

1164

Lyon. Imp. Jacquet et Volard.

A. serain del et sculp.

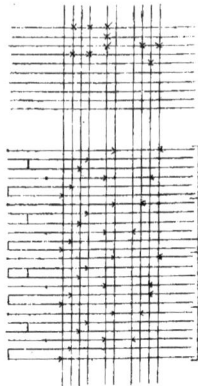

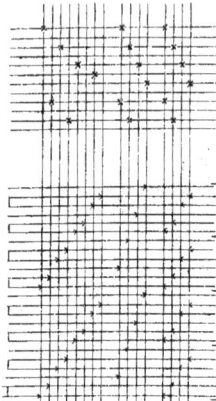

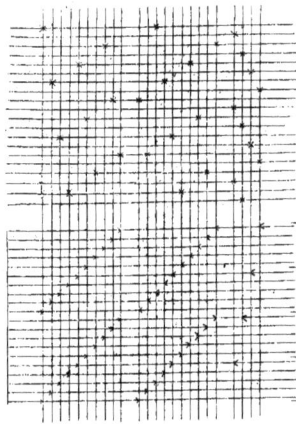

BEZON.

1173

1177

1171

1178

Dictionnaire général des tissus.

Lyon, Imp. Jacques et Vollard.

A. verein del. et sculp.

Dictionnaire général des tissus.

MÉTIER MULL-JENNY.

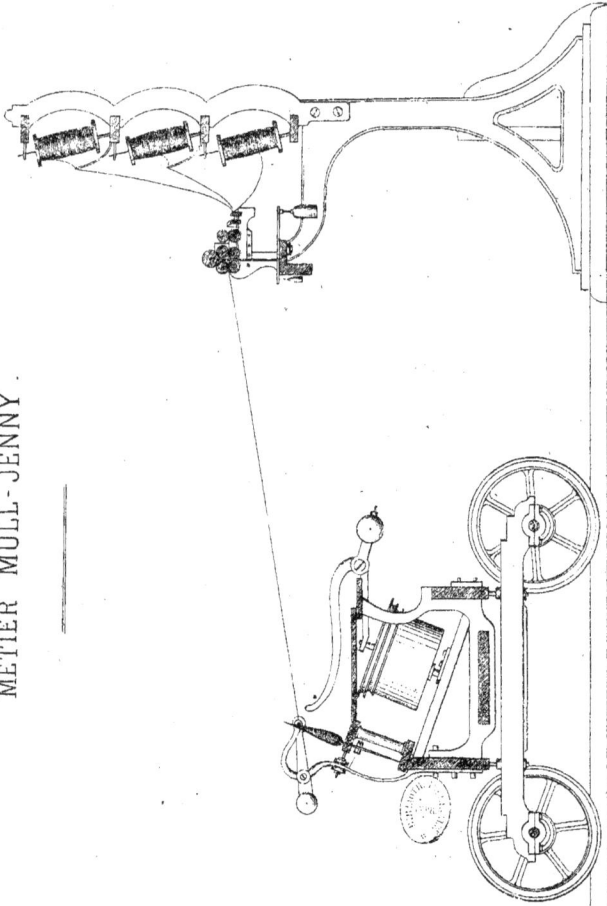

Lyon, imp. Jacquet et Veltard.

Aorrain del et sculp.

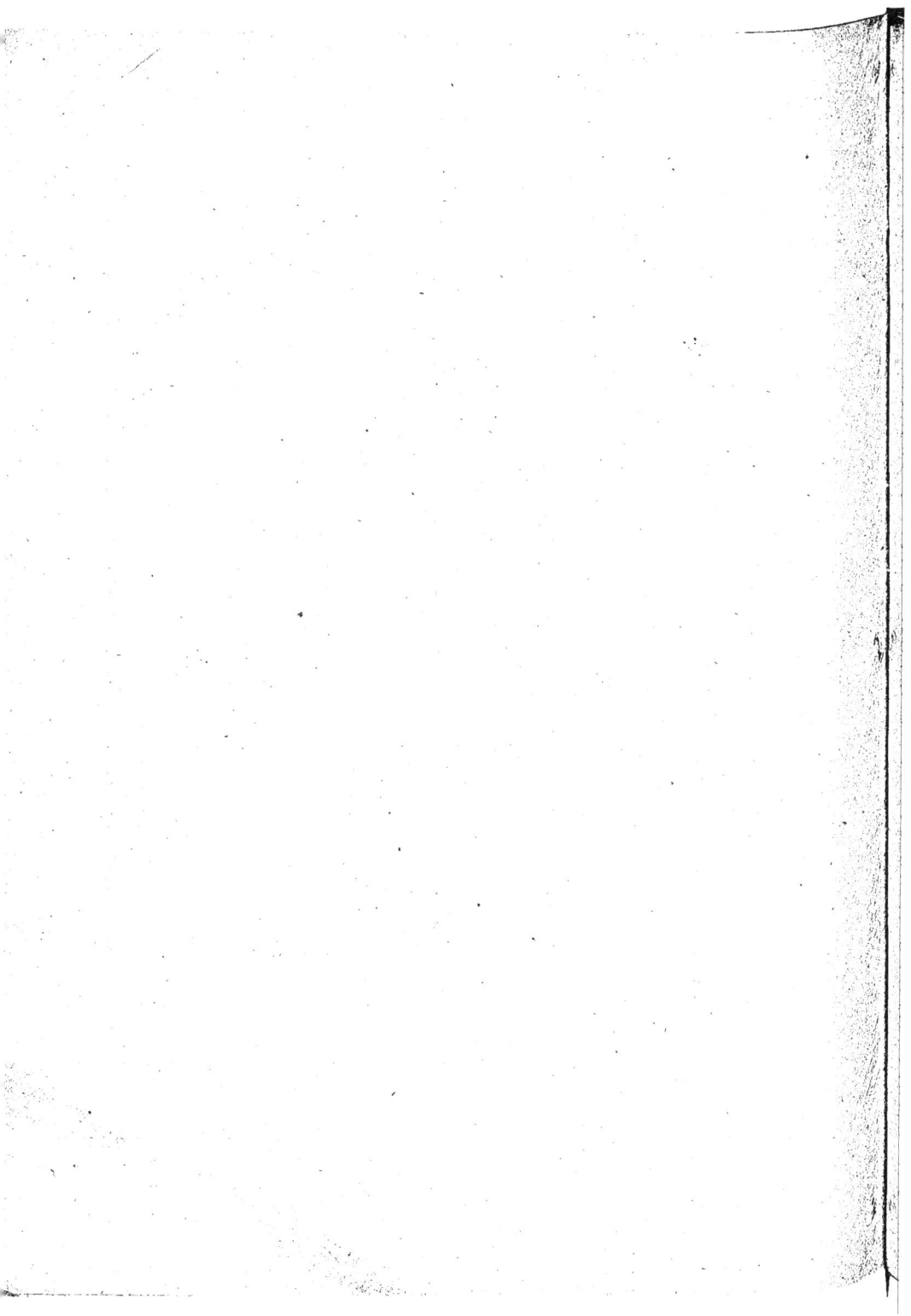

SYSTÈME DE FILATURE DU LIN,
Chanvre, et autres matières végétales.
PAR MM.ᵣˢ GIRARD FRÈRES.

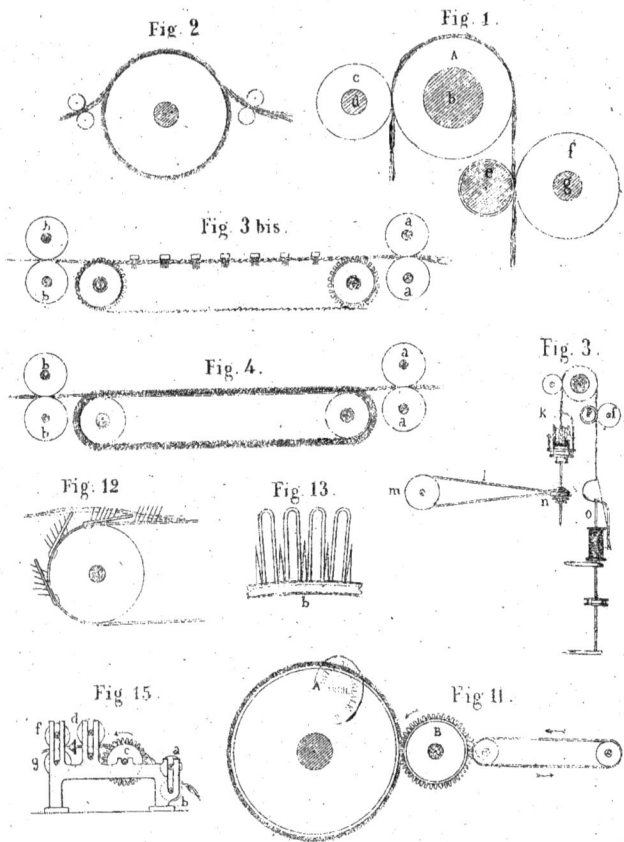

Fig. 2   Fig. 1.

Fig. 3 bis.

Fig. 4.

Fig. 3.

Fig. 12   Fig. 13.

Fig. 15.   Fig. 11.

A. Sorrein del. et sculp.   Lyon. Imp. Jacquet et Vattard.

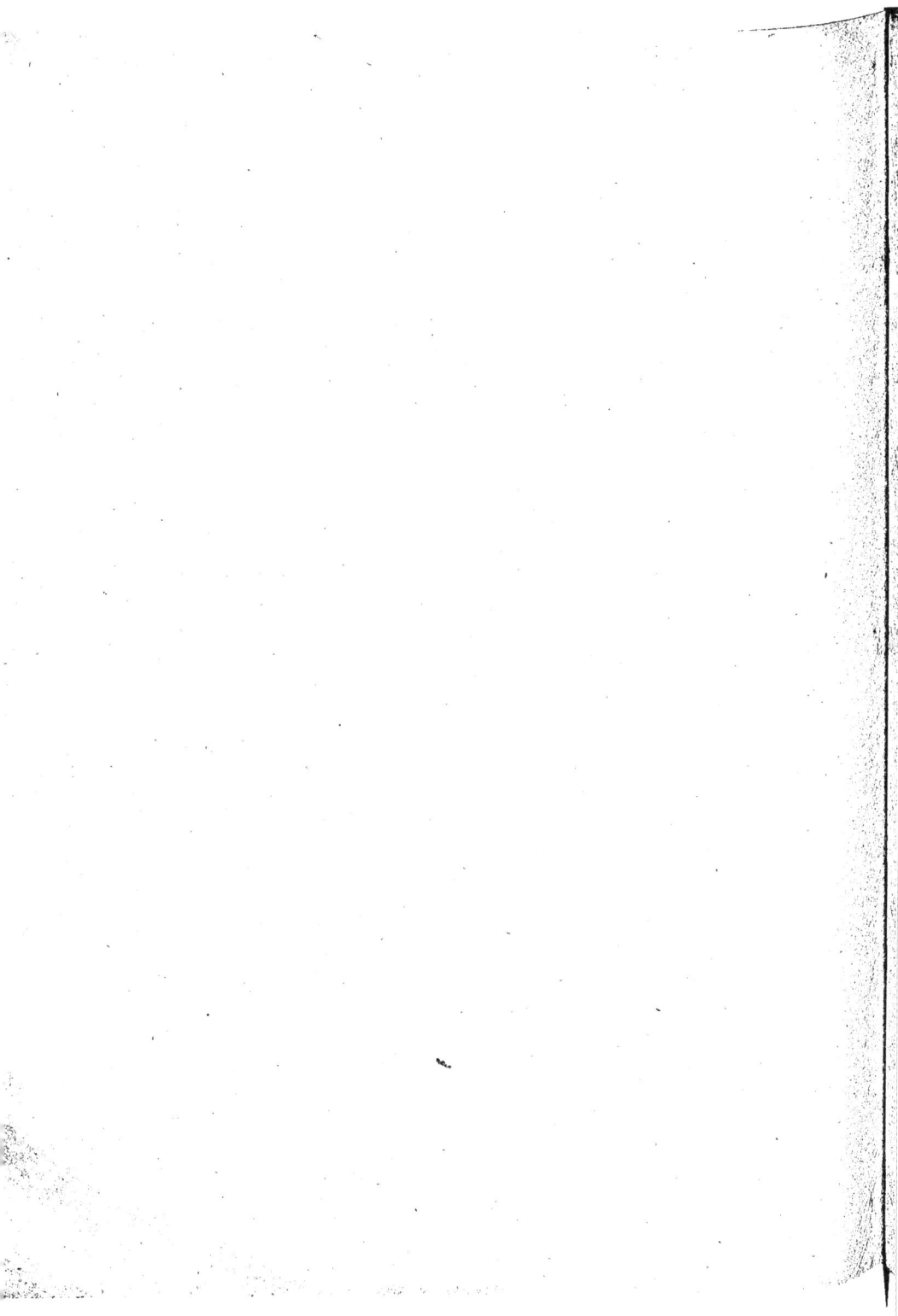

SUITE DE LA FILATURE. MM GIRARD FRÈRES.

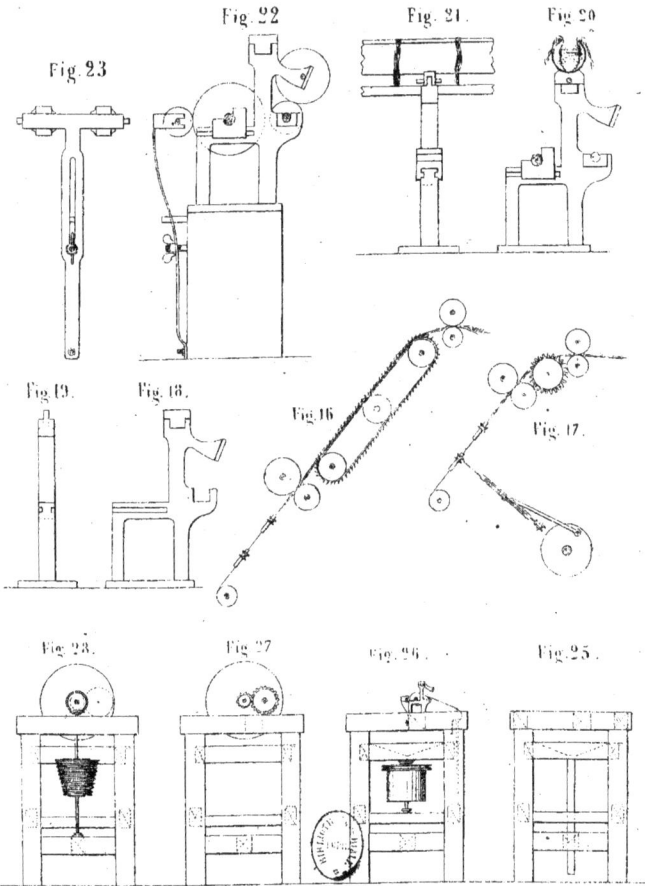

Fig. 23   Fig. 22   Fig. 21.   Fig. 20

Fig. 19.   Fig. 18.   Fig. 16   Fig. 17.

Fig. 28.   Fig. 27   Fig. 26.   Fig. 25.

Lorrain del et sculp   Lyon Imp. Jacquet & Vettard.

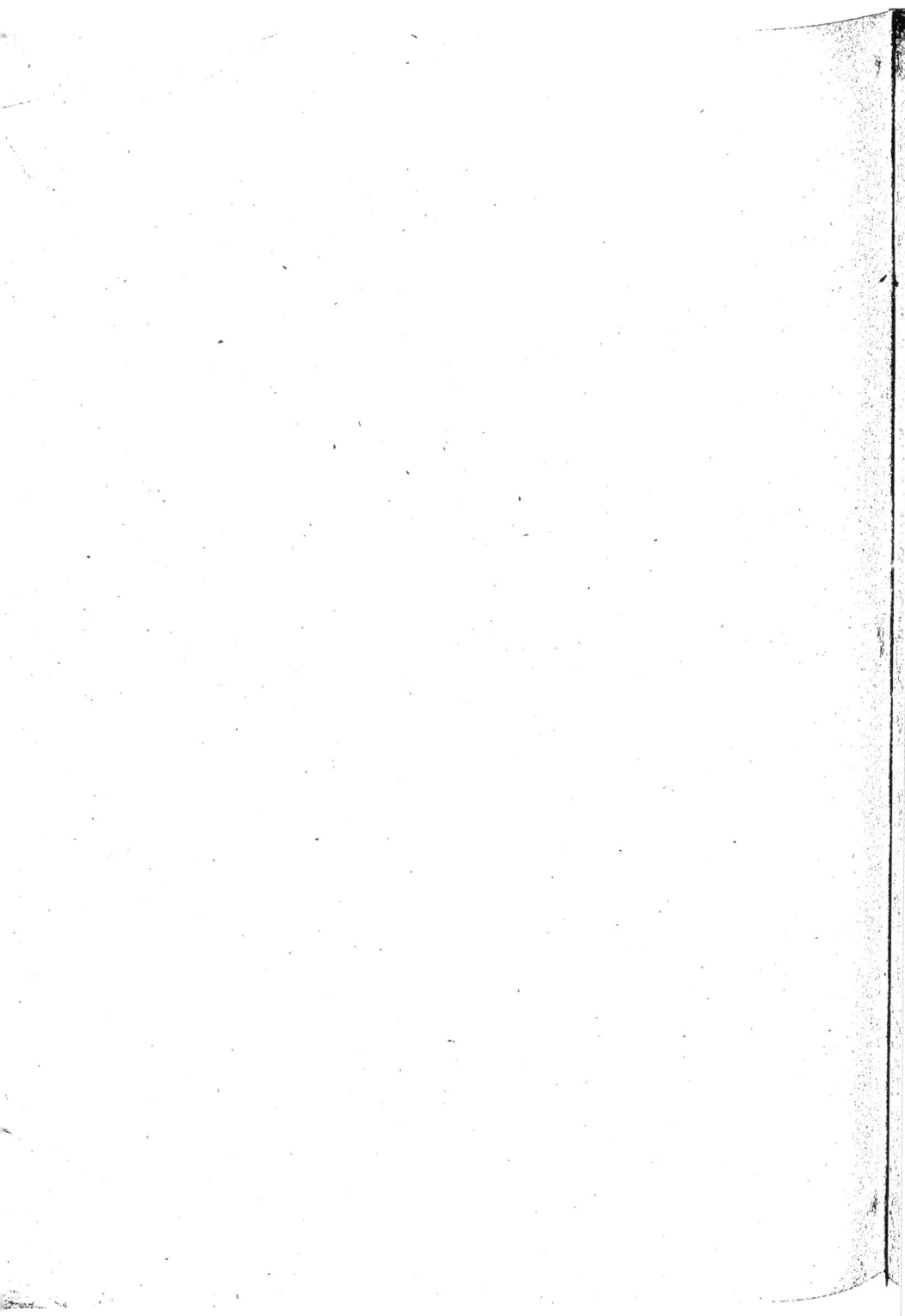

SUITE DE LA FILATURE.
M.M. GIRARD FRÈRES.

Fig. 28 bis.

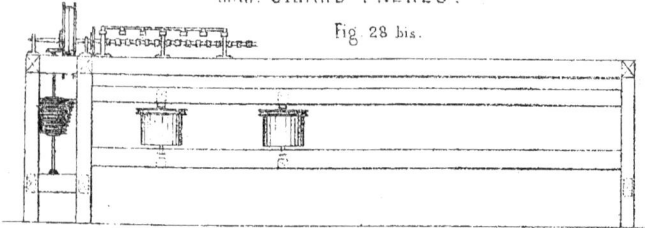

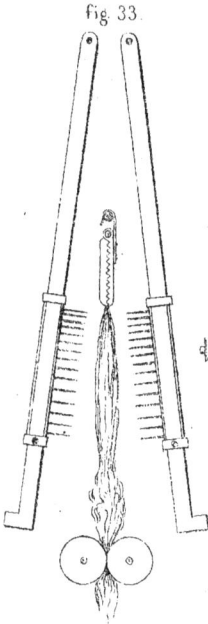

fig. 33.

fig 32 bis.   fig 32.   fig. 31 bis.   fig. 31.

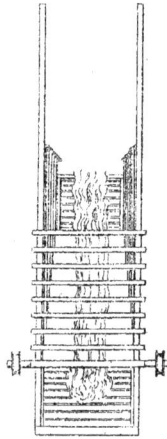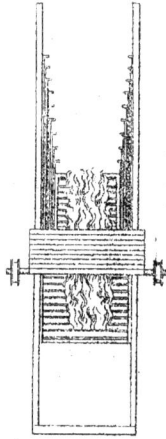

Lavoisin del et sculp   Lyon Imp. Jacquet et Veliara

SUITE DE LA FILATURE

MM. GIRARD FRÈRES.

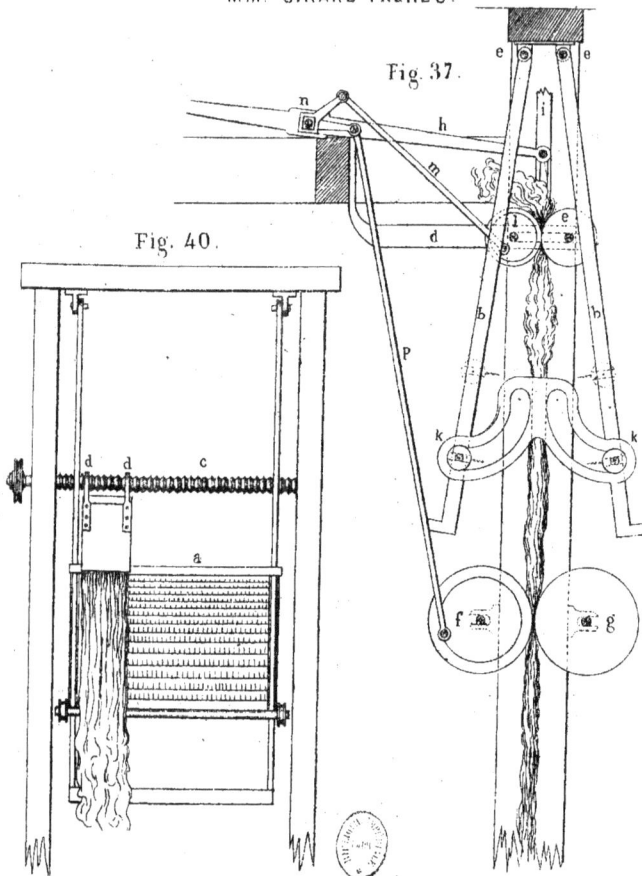

Fig. 37.

Fig. 40.

Lorrain del et sculp.   Lyon. Imp. Jacquet et Vettard.

Dictionnaire général des tissus.

Planche 136 (151ᵉ et dernière de l'Atlas)

SUITE DE LA FILATURE
MM. GIRARD FRÈRES (fin)

fig. 52.

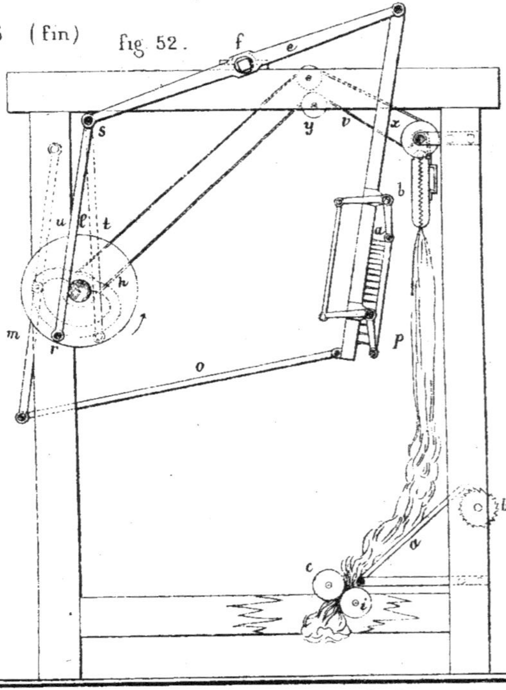

fig. 51.

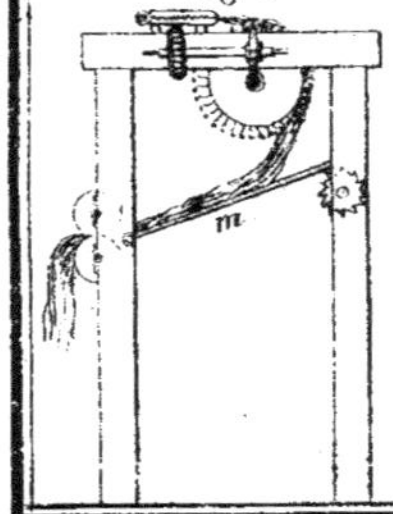

fig. 49.

fig. 50.

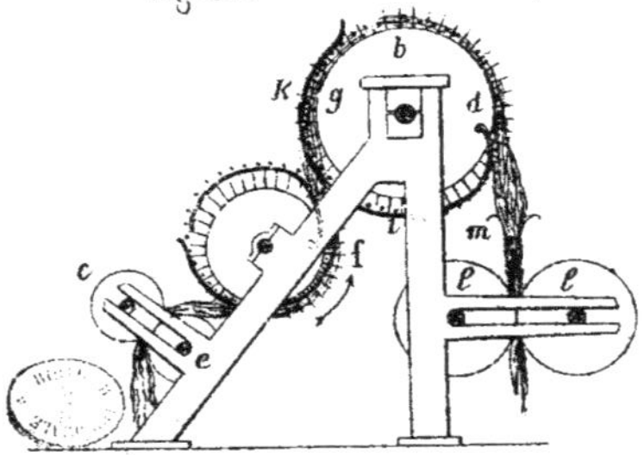

Lyon Imp. Aegraud et Pottard.

Lorrain del. et sculp.

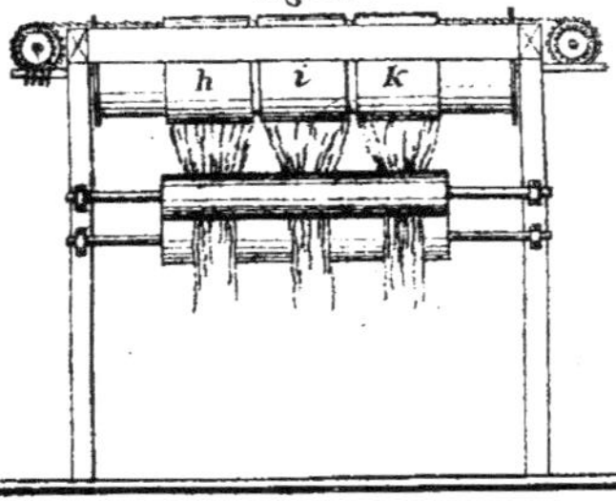

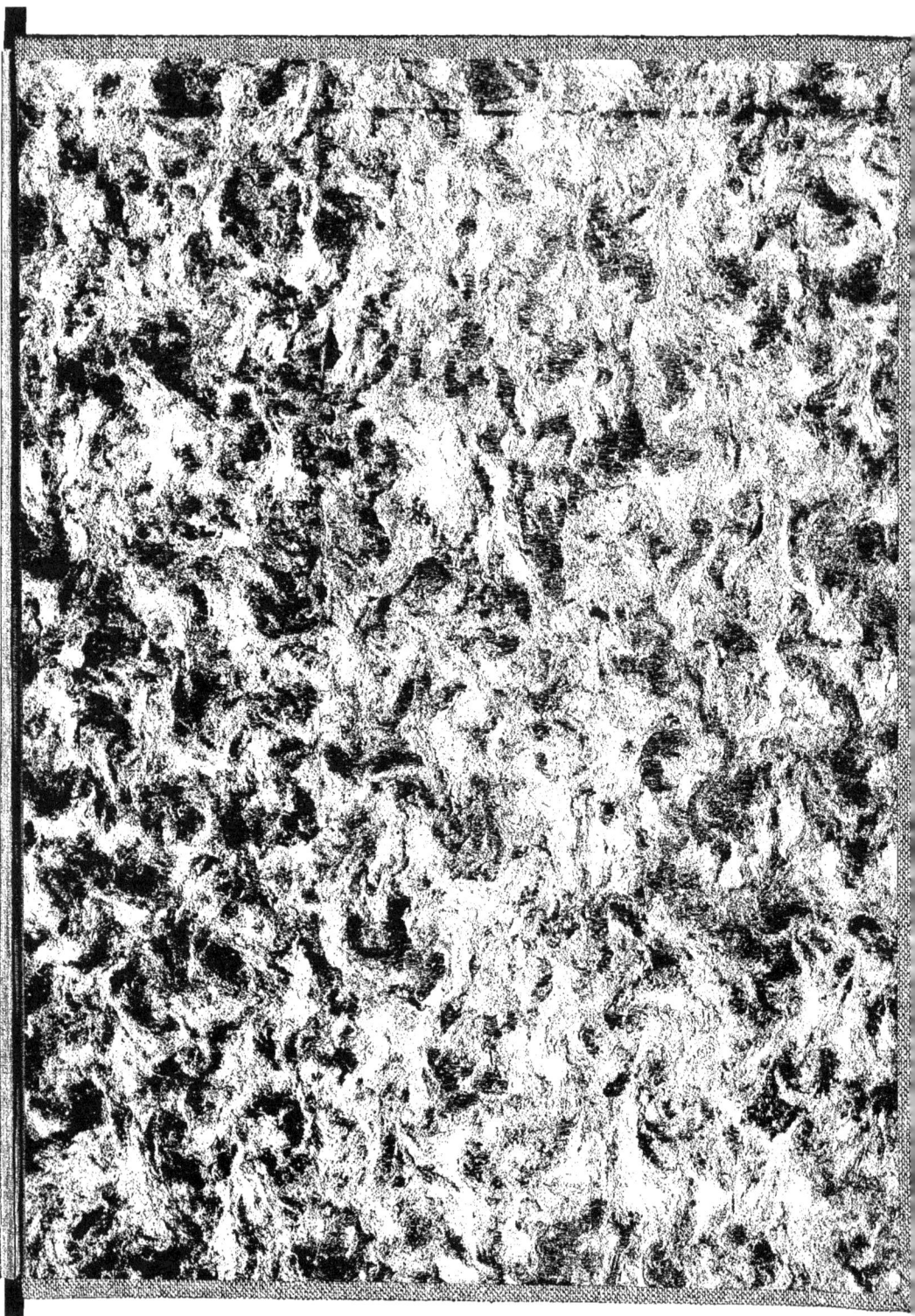

www.ingramcontent.com/pod-product-compliance
Lightning Source LLC
Chambersburg PA
CBHW060403200326
41518CB00009B/1233